生活在物联网

陈积芳 主编

高培德 编著

上海科学技术文献出版社

Shanghai Scientific and Technological Literature Press

图书在版编目（CIP）数据

生活在物联网 / 高培德编著 . —上海：上海科学技术文献
出版社，2020（2022.1 重印）
　（领先科技丛书）
　ISBN 978-7-5439-8002-0

　Ⅰ.①生… 　Ⅱ.①高… 　Ⅲ.①互联网络—应用—普及读物
②智能技术—应用—普及读物 　Ⅳ.① TP393.4-49 ② TP18-49

中国版本图书馆 CIP 数据核字 (2020) 第 020217 号

策划编辑：张　树
责任编辑：王　珺　黄婉清
封面设计：留白文化

生活在物联网
SHENGHUO ZAI WULIANWANG
陈积芳　主编　高培德　编著
出版发行：上海科学技术文献出版社
地　　址：上海市长乐路 746 号
邮政编码：200040
经　　销：全国新华书店
印　　刷：常熟市文化印刷有限公司
开　　本：720×1000　1/16
印　　张：9
字　　数：137 000
版　　次：2020 年 6 月第 1 版　2022 年 1 月第 2 次印刷
书　　号：ISBN 978-7-5439-8002-0
定　　价：38.00 元
http://www.sstlp.com

引言

一

物联网（Internet of Things，IoT）是一个基于计算机互联网网址、传统电信/移动通信码、电子条形码和身份识别码等信息承载体，让所有能够被独立寻址的普通物理对象实现互联互通的网络。它涵盖有线和无线网络两大类，是形形色色通信网络中内容最为广泛的一支，具有普通对象设备化、自治终端互联化和普适服务智能化三个重要特征。

IBM前首席执行官郭士纳曾提出一个重要的观点，他认为计算模式每隔十五年发生一次变革，于是人们把它称为"十五年周期定律"。1965年前后发生的变革以大型机为标志，1980年前后以个人计算机的普及为标志，而1995年前后则发生了"互联网革命"。每一次这样的技术变革都引起企业间、产业间甚至国家间竞争格局的重大动荡和变化。

1991年，美国麻省理工学院（MIT）的凯文·阿什顿教授首次提出物联网的概念。1999年，美国麻省理工学院建立了"自动识别中心"，提出"万物皆可通过网络互联"，阐明了物联网的基本含义。2005年，在突尼斯举行的信息社会世界峰会（WSIS）上，国际电信联盟（ITU）发布了《ITU互联网报告2005：物联网》，正式提出了物联网的概念。但是，物联网很长一段时间内并不被人们关注，直到1999年1月美国总统奥巴马提出"智慧地球"概念，才使得物联网得到普遍重视。"物联网"被称为继计算机、互联网之后，世界信息产业的第三次浪潮。据美国权威咨询机构弗雷斯特公司预测，到2020年，世界上物物互联的业务，跟人与人通信业务的比例，将达到30∶1，因

1

此，物联网被称为是下一个万亿级的通信业务。

据 IBM 的提法，物联网和智慧地球理念得以实现，是因为世界早已经迈入了"3I 时代"，即工具植入化（Instrumented）、互联化（Interconnected）和智能化（Intelligent）的实现，我们只需要"百尺竿头，更上一步"就可以实现"5A 化"（Anywhere——任何地点，Anything——任何事物，Anytime——任何时间，Anyway——任何方式，Anyhow——任何原因）的物联网世界。

中国科学院早在 1999 年就启动了传感网研究，与其他国家相比具有同发优势。该院组成了两千多人的团队，先后投入数亿元，在无线智能传感器网络通信技术、微型传感器、传感器端机、移动基站等方面取得重大进展，目前已拥有从材料、技术、器件、系统到网络的完整产业链。在世界传感网领域，中国与德国、美国、韩国一起，成为国际标准制定的主导国之一。

中国科学院上海冶金研究所（于 2001 年更名为微系统与信息技术研究所）早在 20 世纪 70 年代就开始了温度、压力和湿度等物理传感器和嗅敏类化学传感器的研制和开发，80 年代成立了国家级传感器重点实验室，90 年代开始从事无线传感网的研究。21 世纪初，该所成立了微电子机械实验室和无线传感网实验室，把微纳技术和无线传感网作为该所重点研究方向之一。该所临时组建的无线传感网在汶川地震区唐家山堰塞湖视频监控中发挥了重大作用，使得堰塞湖实况直传中央。微纳制造技术作为微机电系统传感器的实现手段，直接决定了传感器的性能与制作成本，是传感器产品化和批量化制造的前提。中国科学院微系统与信息技术研究所研制的微机电系统传感器（如加速度与角速度等惯性传感器、压力传感器、温度传感器、硅基振荡器、高度计、应变计、麦克风等）、痕量气体传感器、微流量计、无源微能量采集器及航天光纤传感器等在航空航天、生化医疗、食品安全等领域得到了应用。

2009 年 8 月，无锡市率先建立了"感知中国"研究中心。物联网首次被正式列为国家五大新兴战略性产业之一，并被写入政府工作报告。2012 年 2 月，中国的第一个物联网五年规划——《物联网"十二五"发展规划》由工信部颁布。物联网被我国"十二五"规划列为七大战略新兴产业之一，是引领中国经济华丽转身的主要力量。2013 年 2 月，中国政府网公布了《国务院关于推进物联网有序健康发展的指导意见》。自此，各地纷纷制定规划，大力发展物联网产业。全球知名咨询公司麦肯锡于2013年发布的研究报告称："未来十二大新兴颠覆技术"中，互联网、人工智能、物联网、云计算和机器人分列前五。

2015年7月4日，国务院发布《关于积极推进"互联网＋"行动的指导意见》（国发〔2015〕40号）重点提出："大力发展智能制造。以智能工厂为发展方向，开展智能制造试点示范，加快推动云计算、物联网、智能工业机器人、增材制造等技术在生产过程中的应用，推进生产装备智能化升级、工艺流程改造和基础数据共享。"

2017年4月，中国（上海）国际物联网大会在上海市嘉定区中国科学院上海微系统与信息技术研究所召开。大会针对物联网操作系统应用、人工智能与智能硬件、低功耗广域网络、"一物一码"工业互联网创新应用、智慧制造与工业4.0、智能汽车与车联网、"传感器上的物联网"技术与应用、云计算共八个专题分论坛进行了研讨。

核心技术是国之重器。要发展数字经济，就要加快推动数字产业化，依靠信息技术创新驱动，不断催生新产业、新业态、新模式，用新动能推动新发展。要推动互联网、大数据、人工智能和实体经济深度融合，就要加快制造业、农业、服务业的数字化、网络化、智能化。

2019年10月20日，第六届世界互联网大会乌镇峰会开幕当天，全球首个"5G自动微公交"示范线路在乌镇正式开通，现场还举办了"长三角5G+智能驾驶"协同创新联盟成立仪式。该联盟的理事长单位同济大学、浙江大学、之江实验室，副理事长单位西湖大学、中国科学院计算技术研究所，以及阿里云、北京大学信息技术高等研究院、中国太平洋保险公司、上海市智能网联汽车创新中心、中交公路规划设计院有限公司等，共23家发起人单位参加了成立大会。"5G自动微公交"通过5G通信技术以及路测传感单元和人工智能边缘计算的协同，构架出了"车、路、网、云"一体化的智能驾驶"数字轨"。随着5G网络将在我国和其他一些国家大范围铺开，充分利用5G网络带来的超带宽、低时延、大连接的好处，5G+物联网、云计算、大数据和人工智能的深度融合，必将推动世界经济向高质量、高水平发展。

通过物联网，今天人们已经能够做到"秀才不出门，能知天下事"。我们通过手机或平板电脑与身在海外的亲人视频对话，犹如装上了千里眼、顺风耳。随着人工智能的到来，智能家居、智慧城市的实现，在不久的将来，你就可坐在沙发上游览世界各地名胜古迹、参观各国著名商厦、实现全球商品"买买买"。

近年，随着物联网的推广与应用以及智慧城市的兴起，网络已经渗透到千家万户，深入到社会的各个角落。手机几乎已经成为每个人的必备品，我们早已离不开手机和网络。

目录

—

第一章　形形色色的网络

通信网络可分为有线网络和无线网络两大类。有线网络包括固定电话网、广播电视网、计算机互联网和光纤通信网络；无线网络包括无线传感器网络（WSNs）、移动通信网（2G、3G、4G、5G）、卫星通信网（Satellite Communication Network）以及卫星导航定位系统。

一、计算机互联网

计算机互联网，是一些互相连接的、自治的计算机的集合。相对电话网而言，具有传输速率快、抗干扰能力强等优点。互联网起源于 1968 年美国国防部高级研究计划局组建的网络，又称"阿帕网"。第一期使用时有四个节点，分别是加利福尼亚州大学洛杉矶分校、加利福尼亚州大学圣巴巴拉分校、斯坦福大学以及犹他州州立大学。1973 年，阿帕网利用卫星技术跨越大西洋与英国、挪威实现连接。1975 年，阿帕网由美国国防部通信处接管。这时，新的全球网络出现，如计算机科学研究网络、加拿大网络和因时网等。1983 年，阿帕网被分成军用和民用两部分，民用部分改名为互联网（Internet）。同年，阿帕网的传输控制协议 / 互联网协议（TCP/IP）成为国际共同遵循的网络传输控制协议。互联网是国际计算机互联网的英文称谓，是一个多网络构成的网络。它以传输控制协议 / 互联网协议（TCP/IP）将各种不同类型、不同规模、位于不同地理位置的计算机网络连接成一个整体。从 1987 年起，中国用了 7 年时间实现与互联网的全功能连接，成为接入国际互联网的第 77 个国家。近百年来，科学技术发展的速度越来越快，各种技术从发明到推广所需要的时间越来越短（见图1-1）。从图可见，互联网从发明到推广所需要的时间小于10年，远短于飞机、汽车和电视所需要的时间。

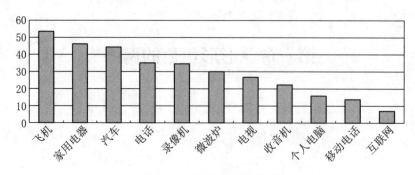

图 1-1　各项技术普及速度比较

按照联网计算机之间的距离和网络覆盖面（从小到大）的不同，一般分为局域网（LAN，即 Local Area Network）、城域网（MAN，即 Metropolitan Area Network）、广域网（WAN，即 Wide Area Network）和互联网。局域网相当于某厂、某校的内部电话网，城域网犹如某地只能拨通市话的电话网，广域网类似国内直拨电话网，互联网则类似于国际长途电话网。

国际网络就是指互联网。互联网是一组全球信息资源的总汇。世界知识产权组织于1996年12月在日内瓦召开的关于版权和邻接权等若干问题的外交会议上通过了《世界知识产权组织版权条约》，简称《WIPO版权条约》，并于2002年生效。该条约于1996年12月20日由世界知识产权组织主持，在有120多个国家代表参加的外交会议上缔结，主要为解决国际互联网络环境下应用数字技术而产生的版权保护新问题。目前，有近60个国家签署《WIPO版权条约》，该条约于2007年6月9日在中国正式生效。

国内外主要互联网结构有中国公用计算机互联网骨干网结构、中国教育和科研计算机网骨干网结构、中美俄环球科教网、Internet 2美国教育和科学网络技术联盟等。据中国互联网络信息中心（CNNIC）在京发布的第41次《中国互联网络发展状况统计报告》可见：2017年，我国网民规模7.72亿，手

2

机网民占比达 97.5%，移动网络促进"万物互联"，六成网民使用线上政务服务。2017 年，电子商务、网络游戏、网络广告收入水平增速均在 20% 以上，其中，1—11 月电子商务平台收入 2 188 亿元，同比增长高达 43.4%。中国互联网行业整体向规范化、价值化发展，同时，移动互联网推动消费模式共享化、设备智能化和场景多元化。

二、无线传感器网络

无线传感器网络（Wireless Sensor Networks，WSNs），又称移动互联网，由许许多多功能相同或不同的无线传感器节点组成，每一个传感器节点由数据采集模块（传感器、A/D 转换器）、数据处理和控制模块（微处理器、存储器）、通信模块（无线收发器）、供电模块（电池、DC/AC 能量转换器）等组成。[①]无线传感器网络是一种分布式传感网络，它的末梢是可以感知和检查外部世界的传感器，是通过无线通信方式形成的一个多跳自组织网络。网络设置灵活，设备位置可以随时更改，还可以跟互联网进行有线或无线方式的连接。

微电子机械加工技术的发展为传感器的微型化提供了可能，微处理技术的发展促进了传感器的智能化，基于 TCP/IP 协议的互联网技术和无线通信技术的发展为无线传感器的网络化提供了必要的技术手段，微电子机械技术和射频通信技术的融合促进了无线传感器及其网络的诞生。传统的传感器正逐步实现微型化、智能化、信息化、网络化，正经历着一个从传统传感器（Dumb Sensor）向智能传感器（Smart Sensor）、向嵌入式网络传感器（Embedded Web Sensor）的内涵不断丰富的发展过程。

嵌入式网络传感系统或无线集成微系统是 20 世纪 90 年代兴起的新事物[②]，它综合了传感器、嵌入式计算、分布式信息处理和通信等多种技术，能够协同地实时监测、感知和采集网络分布区域内的各种环境或监测对象的信息，并通过对这些信息的处理而获得详尽、准确的信息，再传送到需要这些信息的用户。

---

① 石荣、高培德：《无线传感网络技术的研究进展》，中国科学院无线传感技术学术研讨会，上海，2006 年，第 1—6 页。
② 高培德：《嵌入式网络传感系统》，第一届长三角地区传感技术学术交流会，浙江，2004 年，第 25—36 页。

近年，大规模分布式无线传感器信息网络已可以无缝地复合许多传统的需求而成为研究的热点。这些网络中各传感器节点的计算和通信相互兼容，一方面具有通用、自组装、动态可重组和多功能的特点；另一方面，传感器节点具有小型、廉价、低功耗和长寿命的特点，以满足大范围覆盖度的需要。

由许多不同类型的传感器（例如震动、磁、热、可见光、红外、声和雷达等）组成的无线传感器网络可用于大范围监控对象周围的温度、湿度、车辆运动、照明、压力、土壤结构、噪声水准以及附近物体的大小和方位。传感器节点能连续感知所需信息，对周围事件进行探测、识别和定位。因而，这种微传感和无线通信相结合的分布式无线微传感器网络可广泛地用于感知和控制物理世界，在国防、通信、航空、航天、气象、医疗、环保、建筑、制造等领域有着不同深度的应用。小型无线传感器平台可以通过无人机或仿生机器人等各种方式进行发送，国外现有的一些无线传感器系统的应用和特性如表1-1所示。若对每个无线传感器系统的传感器位置的数量和覆盖度制图，则可得到现有无线传感器系统节点的区域密度图。目前，环境网络大约为每一至十公里1个传感器节点，德国交通网络为每十公里1个，两个带有GPS接收器的大地测量阵列平均间隔为数十公里，而ARGO、NOAA和TAOP等海洋气候系统传感器设置间隔为数百公里，几乎覆盖全球的IMS国际监控系统的平均间隔为两千公里量级。

表1-1 国外现有的一些无线传感器系统的应用和特性

系统名称	目的	节点数	位置	分布区域（km²）
IMS 国际监控系统	核爆炸和地震	74	全球	$5.1 \exp 8$
ARGO 海洋传感器系统	海洋学	3 000	全球海洋	$3.5 \exp 7$
NOAA 海洋浮标	气候	180	美国周围	$9.2 \exp 6$
TAOP 热带海洋大气项目	气候	70	赤道太平洋	$9.2 \exp 6$
DDG 网络	交通	4 000	德国	$3.5 \exp 5$
SCIGN 南加州集成 GPS 网络	大地测量学	206	南加利福尼亚州	$3.4 \exp 5$

系统名称	目的	节点数	位置	分布区域（km^2）
PANGA 西北太平洋大地测量学阵列	大地测量学	6	普吉特海湾	2exp4
TCOON 得州海岸海洋观察网络	环境 / 气候	40	得克萨斯州海岸	1exp3
波多黎各雨林网络	环境	3	波多黎各	6.4exp1
其他	监视和控制	100—1 000	制造和计划中	0.001—1

三、全球移动通信系统

GSM 是全球移动通信系统（Global System for Mobile Communications）的简称。移动通信是沟通移动用户与固定点用户或移动用户之间的通信方式。20 世纪 70 年代无绳电话发明以来，由于无线移动通信具有个人性、可携带性、移动性和综合性等特征而迎合了人们的需要，导致各种无线移动通信系统相继涌现。第一代模拟 GSM 系统，仅用于汽车的语音移动通信，利用频率为 900 兆赫兹；第二代窄带数字 GSM 移动通信系统，又称 GSM 手机（"大哥大"）；1987 年，欧洲开发的八种数字蜂窝电话统一后，被称为全球移动通信系统。1993—1998 年间，世界范围的蜂窝电话和个人通信服务增加了 3 倍，而同期固定电话通信用户基本维持 5% 的增长不变。1999 年 11 月，在国际电信联盟 ITU-R TG8/1 赫尔辛基会议上达成了第三代国际无线 3G 标准，即 ITU IMT-2000。它具有全球无线漫游，统一频段（885—2 025 兆赫兹和 2 110—2 200 兆赫兹），支持语音、宽带数据和多媒体多种业务，支持 UPT，有足够的容量和多种用户管理能力。第三代移动通信有五种接入技术：IMT-2000 CDMA DS（基于欧洲的 W-CDMA）、IMT-2000 CDMA MC（基于北美洲的 CDMA）、IMT-2000 CDMA TDD（基于欧洲的 TD-CDMA 和我国的 TD-CDMA）以及另外两种 TDMA 技术。第四代移动通信 4G 包括 TD-LTE 和 FDD-LTE 两种制式，能够快速传输数据和高质量的音频、视频和图像等。4G 能够以每秒 100 MB 以上的速度下载，比目前家用宽带的非对称数字用户线路 ADSL（4MB）快 25 倍，并能够满足几乎所有用户对于无线服务的要求。此外，4G 可以在 DSL 和有线电视调制解调器没有覆盖的地方部署，然后再扩展到整个地区。4G 是目前在手机中应用最多的技术。第五代移动通信技术 5G 弥补了 4G 技术的不足，在吞吐率、时延、连接数量、能耗等方面进一步提升系统性能。它采取数字全 IP 技术，整合了新型无线接入技术和现有无线接入技术（WLAN、4G、3G、2G 等），通过集成多种技术来满足不同的需求，是一个真正意义上的融合网络。由于融合，5G 可以延续使用 4G、3G 的基础设施资源，并实现与 4G、3G、2G 共存。在网络容量方面，5G 通信技术将比 4G 实现单位面积移动数据流量增长 1 000 倍；在传输速率方面，典型用户数据速率将提升 10—100 倍，峰值传输速率可达每秒 10 GB；同时，端到端时延缩短 5—10 倍，频谱效率提升 5—10 倍，网络综合能效提升 1 000 倍。

半个世纪以来，移动通信得到了飞速的发展：第一代移动通信是模拟技术；第二代的 2G 技术实现了语音的数字化；第三代的 3G 技术以多媒体通信为特征；第四代的 4G 技术使通信开始进入无线宽带时代；第五代的 5G 技术，使得网络将有更大的容量和更快的数据处理速度，通过手机、可穿戴设备和其他联网硬件推出更多的新服务将成为可能。5G 的容量预计是 4G 的 1 000 倍，5G 的网络传输速率将是 4G 峰值的 100 倍，一部超高清画质的电影 1 秒内就可以完成下载。在 2018 年的 5G 网络创新研讨会上，中国信息通信研究院技术与标准所副总工程师徐菲表示，我国 5G 技术试验在目前，各系统厂家已经完成非独立组网测试，主要功能符合规范，功能完备性、互操作性仍需加强，计划在 2019 年内完成独立组网测试，达到预商用。2020 年，5G 已经开始在全球范围内商用。

5G 以后的应用就是"云 + 物联网"，一起建造分布式的数据中心。今后，视频、游戏等应用使用分布式处理更快、更有优势。2018 年 3 月 9 日，工信部部长苗圩在央视新闻访谈节目《部长之声》中表示，中国已经着手研究 6G（第六代移动通信）。

英国电信集团（BT）首席网络架构师尼尔·麦克雷（Neil McRae）在一个行业论坛中，展望了 6G 系统。他认为：

5G 将是基于异构多层的高速互联网，早期是"基本 5G"（将在 2020 年左右进入商用），中期是"云计算 +5G"，末期是"边缘计算 +5G"（三层异构移动边缘计算系统）。

6G 是在 5G 的基础上集成卫星网络来实现全球覆盖。第一，6G 应该是一种便宜、超快的互联网技术，可为无线或移动终端提供令人难以置信的高数据速率或极快互联网速率——高达每秒 11 GB（即使是在偏远地区也可接入 6G 网络）。第二，组成 6G 系统的卫星通信网络，可以是电信卫星网络、地球遥感成像卫星网络、导航卫星网络。6G 系统集成这些卫星网络，目的在于为 6G 用户提供网络定位标识、多媒体与互联网接入、天气信息等服务。第三，6G 系统的天线将是"纳米天线"，而且这些纳米天线将广泛部署于各处，包括路边、村庄、商场、机场、医院等。第四，在 6G 时代，可飞行的传感器将得到应用——为处于远端的观察站提供信息，对有恐怖分子、入侵者活动的区域进行实时监测等。第五，在 6G 时代，在高速光纤链路的辅助下，点到点无线通信网络将成为 6G 终端传输快速宽带信号。

在此基础上，尼尔·麦克雷总结了 6G 技术的特征和优势：第一，互联网的超快接入；第二，用户实际体验到的数据率将高达每秒 10—11 GB；第三，提供家庭自动化以及其他相关应用；第四，能用于智慧家庭、智慧城市、智慧村落；第五，可应用于能源生产；第六，可应用于基于空间技术的防卫应用；第七，基于家庭的 ATM 系统；第八，能用于卫星到卫星直接通信；第九，通过 6G 网络控制自然灾害，实现海上到空间通信，可能会实现"意识通信"。6G 网络将集成 5G 网络与卫星网络，因此，6G 将面临的一大挑战将是"如何实现不同卫星系统间的切换和漫游"，而这一挑战需要在 7G 时代解决。

四、中国三大电信网络集团

中国移动通信集团有限公司成立于 2000 年 4 月 20 日，是一家基于 GSM、TD-SCDMA 和 TD-LTE 制式网络的移动通信运营商，是中国规模最大的移动通信运营商，是全球用户规模、网络规模超前的移动通信运营商，构建了全球最大的 4G 网络。其主要经营移动语音、数据、IP 电话和多媒体业务等等。

中国电信集团有限公司是中国特大型国有通信企业，连续多年入选"世界 500 强企业"，主要经营固定电话、移动通信、卫星通信、互联网接入及应用等综合信息服务。中国电信业务依托于中国电信 169 网，采用多协议标记交换（MPLS）协议，结合服务等级、流量控制等技术，为用户在公共 IP 网络上构建企业的虚拟专网，满足其不同城市（国际、国内）分支机构间安全、快速、可靠的通信需求，并能够支持数据、语音、图像等高质量、高可靠性多媒体业务。目前，通过中国电信多媒体网（169网）向客户提供的 MPLS-VPN 业务，支持以太网、帧中继、DDN、ATM、宽带等多种接入方式，能够为集团客户提供速率为 $N \times 64K \sim 2.5G$、端到端的 MPLS-VPN 业务，并且用户可以随时根据需要扩展网络（增加端口、提高速率等）。截至 2017 年 1 月，中国电信已经是全球有线宽带网络规模最大、用户规模最多的运营商，其网络覆盖全中国各大省、市、县、乡。

中国广播电视网络有限公司（简称"中国广电"）在 2014 年 4 月 17 日正式注册成立，注册资本 45 亿元，负责全国范围内有线电视网络的相关业务，并开展"三网融合"业务。

"三网融合"又称"三网合一"，指电信网络、有线电视网络和计算机网络的互相渗透、互相兼容并逐步整合成为全世界统一的信息通信网络，互联网是其核心部分。

2008 年 1 月 1 日，国务院办公厅转发国家发展改革委、科技部、财政部、信息产业部、税务总局、广电总局六部委《关于鼓励数字电视产业发展若干政策的通知》（国办发〔2008〕1 号），提出"以有线电视数字化为切入点，加快推广和普及数字电视广播，加强宽带通信网、数字电视网和下一代互联网等信息基础设施建设，推进'三网融合'，形成较为完整的数字电视产业链，实现数字电视技术研发、产品制造、传输与接入、用户服务相关产业协调发展"。

2010 年 1 月 13 日，国务院常务会议决定加快推进电信网、广播电视网和互联网"三网融合"。会议上明确了"三网融合"的时间表。2010 年 6 月 30 日，国务院办公厅公布的第一批"三网融合"试点地区（城市）名单：北京、上海及部分省会、首府城市（12 个）。2011 年 12 月 30 日，国务院办公厅公布"三网融合"第二阶段试点城市，分别为：天津市、重庆市两个直辖市与宁波市（计划单列市）及省会、首府城市 22 个。2011 年，中国"三网融合"产业规模超过 1 600 亿元，在产业的各个方面，"三网融合"都取得了一定的进步。其中，三大电信运营商相继实施宽带升级提速，推进全光网络建设，积极实施光纤入户工程。截至 2011 年底，广电运营商实现双向网络覆盖用户超过 6 000 万户。

"三网融合"目前已应用到教育云平台，根据国家"十二五"规划《素质教育云平台》要求，由亚洲教育网进行研发使用的"三网合一智慧教育云"平台，将电信、广播电视和互联网进行"三网融合"，在教育领域中达到资源共享。

五、光纤网络

光通信原理非常简单，首先在发送端把要传送的信息（如话音）转变成电信号，然后将电信号调制到激光器（光源）发出的激光束上，使光的强度随电信号的幅度（频率）变化而变化，并通过光的全反射原理，将光信号在光纤传输。由于光纤存在损耗和色散，光信号经过一段距离传输后会发生衰减和失真，须在光中继器处对衰减的信号进行放大，对失真的波形进行修复。在接收端，检测器收到光信号后把它变换成电信号，经解调后恢复原信息。

光纤通信由一系列光通信器件组成。光器件分为有源器件和无源器件。光有源器件是光通信系统中将电信号转换成光信号或将光信号转换成电信号的关键器件，是光传输系统的心脏。光无源器件是光通信系统中需要消耗一定能量但没有光电或电光转换的器件，是光传输系统的关键节点，主要包括光纤连接器、波分复用器、光分路器、光开关、光环形器和光隔离器等。光纤网络是利用光在玻璃或塑料制成的纤维中的全反射原理而达成的光传导工具，通过它连接到公司、住家小区或机房；利用交换机或其他终端转换为普通 RJ45 网线（布线系统中信息插座连接器的一种）接到电脑上，由交换机或其他终端自动分配 IP 地址。内网 IP 需要在终端后台设置，默认为自动，不用拨号。宽带有普通的宽带和光纤宽带两种。光纤是宽带的一种接入方式，集电话、网络、数字电视于一体。

近年，以高速互联网业务、图像文件处理、网上音乐、动画下载、在线游戏、网上教育等为代表的宽带业务发展都很迅速，带宽反而成为制约互联网性能的瓶颈。每秒 100 MB 带宽的光纤到户（FTTH）成为实现电话、有线电视和上网的"三网合一"的最佳保证。光纤成为宽带网络中多种传输媒介中最理想的一种，它的特点是传输容量大、传输质量好、损耗小、中继距离长等。光纤传输使用的是波分复用,把小区里的多个用户的数据利用 PON 技术汇接成为高速信号,然后调制到不同波长的光信号在一根光纤里传输。由于光纤芯是玻璃纤,只有头发丝粗细,且为绝缘体,可以防雷击,故光纤接入比普通电话线接入要稳定得多。普通线路有时候遇到雷雨天可能会出现掉线或网络不稳定的情况。

光纤到户(FTTH)是一种光纤通信的传输方法。它直接把光纤接到用户的家中(用户所需的地方)。具体说,光纤到户是指将光网络单元(ONU)安装在家庭用户或企业用户处,是光接入系列中除光纤到桌面(FTTD)外最靠近用户的光接入网应用类型。光纤到户的显著技术特点是不但提供更大的带宽,而且增强了网络对数据格式、速率、波长和协议的透明性,放宽了对环境条件和供电等要求,简化了维护和安装。目前,光纤到户宽带的带宽最高可达到 1 000MB,普通的电话线最高只能支持 8MB。除了光纤到户外,还有光纤到大楼(Fiber to the Building,FTTB)、光纤到路边(Fiber to the Curb,FTTC)、光纤到服务区(Fiber to the Service Area,FTTSA)等不同方式(见图 1-2、图 1-3)。2013 年 1 月,住宅区通信施工标准已经成为"强制性"的国家标准。根据《住宅区和住宅建筑内光纤到户通信设施工程设计规范》及《住宅区和住宅建筑内光纤到户通信设施工程施工及验收规范》两项国家标准:自 2013 年 4 月 1 日起,在公用电信网已实现光纤传输的县级及以上城区,新建住宅区和住宅建筑的通信设施应采用光纤到户方式建设。同时,鼓励和支持有条件的乡镇、农村地区新建住宅区与住宅建筑实现光纤到户。2010 年以来,国内光缆线路长度保持 20% 左右的复合增长率。2017 年第三季度末,光缆总长度已达 3 606 万公里,相比 2016 年增幅已达 19%,为 5G 到来做好传输网建设提速准备。

2018 年 8 月 24 日下午,全球首款商品级超宽带可见光通信专用芯片组在首届中国国际智能产业博览会上发布,该芯片组可支持每秒吉字节量级的高速传输,标志着我国可见光通信产业迈入超宽带专用芯片时代。可见光通信是一种以绿色节能的 LED 灯为传输基站的通信方式,其原理如图 1-4 所示。通过微芯片来控制普通 LED 灯,可实现其每秒数百万次的闪烁,其中 1 代表灯亮,0 代表灯灭,这样二进制的数据就被快速编码成灯光信号,从而进行

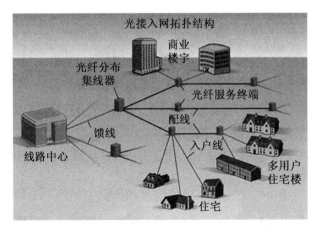

图 1-2　光接入网拓扑结构

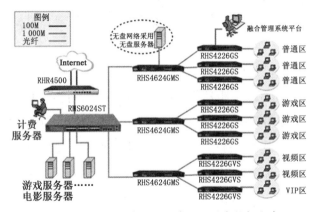

图 1-3　大型网吧内网主干光纤三层交换机方案

有效的传输。与此同时，灯光下的终端（电脑、笔记本、手机、平板甚至是物联网设备等），通过一套特制的装置接收信号，就能实现有灯光的地方有网络，关掉灯则网络全无！可见光通信技术绿色低碳、可实现近乎零耗能通信，还可有效避免无线电通信中电磁信号泄露等弱点，快速构建抗干扰、抗截获的安全信息空间。"可见光通信是 10GB 超宽带智慧家庭信息网络的核心技术，5G 移动通信将提供最快每秒 1GB 的通信速率，可见光通信要比它快十倍。"中国工程院院士邬江兴说。据介绍，此次发布的芯片组可支持每秒吉字节量级的高速传输，全面兼容主流中高速接口协议标准，可为室内及家庭绿色超宽带信息网络、基于虚拟现实功能的家庭智慧服务、高速无线数据传输、水下高速无线信息传送、特殊区域移动通信等领域可见光通信应用提供芯片级的产品。

11

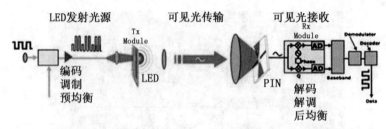

图 1-4　可见光通信原理图

六、卫星通信网

卫星通信网是由一个或数个通信卫星和指向卫星的若干地球站组成的通信网。卫星通信系统一般由空间分系统、通信地球站、跟踪遥测及指令分系统和监控管理分系统等四部分组成。根据通信方式的不同，卫星通信网分为模拟卫星通信网和数字卫星通信网。按照工作轨道区分，卫星通信系统一般分为以下三类：

1. 低轨道卫星通信系统（LEO）

低轨道卫星通信系统距地面 500—2 000 千米，传输时延和功耗都比较小，但每颗星的覆盖范围也比较小，典型系统有摩托罗拉的铱星系统，可以采用微型或小型卫星和手持用户终端。由于轨道低，每颗卫星所能覆盖的范围比较小，要构成全球系统需要至少数十颗卫星，如铱星系统有 66 颗卫星、全球星有 48 颗卫星、Teledisc 有 288 颗卫星。

2. 中轨道卫星通信系统（MEO）

中轨道卫星通信系统距地面 2 000—20 000 千米，传输时延要大于低轨道卫星，但覆盖范围也更大，典型系统是国际海事卫星系统。中轨道卫星通信系统可以说是同步卫星系统和低轨道卫星系统的折中，中轨道卫星的链路损耗和传播时延都比较小，仍然可采用简单的小型卫星。当轨道高度为 10 000 千米时，每颗卫星可以覆盖地球表面的 23.5%，因而只要几颗卫星就可以覆盖全球。若有十几颗卫星就可以提供对全球大部分地区的双重覆盖，这样可以利用分集接收来提高系统的可靠性。

3. 高轨道卫星通信系统（GEO）

高轨道卫星通信系统距地面 35 800 千米，即同步静止轨道。理论上，用三颗高轨道卫星即可实现全球覆盖。传统的同步轨道卫星通信系统的技术最为成熟，用同步卫星来建立全球卫星通信系统已经成为建立卫星通信系统的传统模式。但是，同步卫星有一个不可克服的障碍，就是较长的传播时延和较大的链路损耗，严重影响到它在某些通信领域的应用，特别是在卫星移动通信方面的应用。首先，同步卫星轨道高，链路损耗大，对用户终端接收机性能要求较高。其次，由于链路距离长，传播延时大，必将增加卫星的复杂度。

截至2016年12月31日，在轨卫星共1 459颗。从数量上看，通信卫星占卫星总数的50%，而其中商业通信卫星占35%，政府通信卫星占14%，公益通信卫星占1%。按卫星类型来看，对地观测卫星占19%，技术实验卫星占12%，军事侦察卫星占6%，导航卫星占7%，科学卫星占5%，气象卫星占2%，空间观测卫星占1%，等等。按照卫星的服务区域来划分，卫星通信网又可以分为国际卫星通信网、区域卫星通信网和国内卫星通信网。已建立国内卫星通信网的国家有美国、中国、俄罗斯、澳大利亚、巴西、加拿大、英国、德国、法国、日本、墨西哥、印度、印度尼西亚、意大利、瑞典等。

2016年12月11日，我国在西昌卫星发射中心用"长征三号乙"运载火箭成功发射"风云四号"卫星。"风云四号"卫星运行于地球赤道上方36 000公里的高空，实现了我国静止轨道气象卫星升级换代和技术跨越，将对我国及周边地区的大气、云层和空间环境进行高时间分辨率、高空间分辨率、高光谱分辨率的观测，大幅提高天气预报和气候预测的能力。2018年5月8日，"风云四号"A星开始向包括我国在内的亚太地区用户正式提供数据服务，使我国9亿手机微信首页发生巨大变化。经过中国科学家15年的努力，中国已可完全独立地获取卫星数据。

"神舟七号"载人航天飞船于2008年9月25日21时10分从中国酒泉卫星发射中心载人航天发射场以"长征二号F"火箭发射升空。完成一系列空间科学实验并按预定方案进行太空行走后，"神舟七号"在飞行到第31圈时，成功释放伴飞小卫星。这是我国首次在航天器上开展微小卫星伴随飞行试验。"创新一号"卫星是我国自主研制的第一颗微小卫星，被成功释放后，体重只有40千克的伴星为"神舟七号"飞船拍摄了清晰的照片。

七、卫星导航定位系统

卫星导航定位系统通常由空间部分、地面控制部分和用户设备三部分组成。现有的卫星导航定位系统，除美国的全球卫星定位系统（GPS）外，还有俄罗斯的全球卫星定位系统（GLONASS）、中国北斗卫星导航系统（BDS）和欧盟伽利略卫星导航系统（GALILEO）。

美国全球卫星定位系统从 20 世纪 70 年代开始研制，历时 20 余年，耗资 200 亿美元，于 1994 年全面建成，是具有海陆空全方位实时三维导航与定位能力的新一代卫星导航与定位系统。美国全球卫星定位系统的空间部分是由 24 颗工作卫星组成，它位于距地表 20—200 千米的上空，均匀分布在 6 个轨道面上（每个轨道面 4 颗），轨道倾角为 55°。此外，还有 4 颗有源备份卫星在轨运行。GPS 的分布使得在全球任何地方、任何时间都可观测到 4 颗以上的卫星，并能保持良好定位解算精度的几何图像。GPS 卫星产生两组电码，一组称为 C/A 码，一组称为 P 码。P 码因频率较高，不易受干扰，定位精度高，并设有密码，主要为美国军方服务。C/A 码在人为采取措施而刻意降低精度后，主要开放给民间使用。地面控制部分由 1 个主控站、5 个全球监测站和 3 个地面控制站组成。用户设备部分即 GPS 信号接收机，GPS 接收机的结构分为天线单元和接收单元两部分。经过近十年我国测绘等部门的使用表明，全球卫星定位系统以全天候、高精度、自动化、高效益等特点，成功地应用于大地测量、工程测量、航空摄影、运载工具导航和管制、地壳运动测量、工程变形测量、资源勘察、地球动力学等多种学科，取得了较好的经济效益和社会效益。

俄罗斯全球卫星导航系统（GLONASS）是苏联为满足授时、海陆空定位与导航、大地测量与制图、生态监测研究等建立的全球轨道导航卫星系统，1978 年开始研制，1982 年 10 月开始发射导航卫星。1982—1987 年，共有 27 颗 GLONASS 试验卫星被发射，于 1996 年初投入运行使用。苏联在 20 年间共发射了 76 颗 GLONASS 卫星。1995 年，俄罗斯耗资 30 多亿美元，完成 GLONASS 导航卫星星座的组网工作。俄罗斯的 GLONASS 星座由 24 颗工作卫星和 3 颗备份卫星组成。24 颗卫星均匀地分布在 3 个近圆形的轨道平面上，3 个轨道平面两两相隔 120°，每个轨道面有 8 颗卫星，同平面内的卫星之间相隔 45°，轨道高度为 1.91 万公里，运行周期为 11 小时 15 分，轨道倾角为 64.8°。由于维护经费紧张，2001 年 12 月 1 日—2002 年 5 月 30 日，GLONASS

系统仅有 7 颗卫星正常运行，其地面支持段已经减少到只有俄罗斯境内。

中国北斗卫星导航系统（BeiDou Navigation Satellite System，简称 BDS）是中国自主建设、独立运行的卫星导航系统，其主要功能是定位、导航、授时，类似现在很多人使用的 GPS。不过，它比 GPS 厉害的是，多了一项能够发送信息的短报文功能，可以让人们在遇险时和外界保持联系，安心地等待救援。2011 年底，北斗导航系统开始试运行。2018 年 7 月 10 日，我国第 32 颗北斗导航卫星发射成功，该卫星属倾斜地球同步轨道卫星。2018 年 8 月 13 日，已于 7 月 29 日发射的我国"北斗"第 33、第 34 颗卫星，也就是 M5 卫星、M6 卫星成功定点，进入工作轨道。8 月 25 日，我国在西昌卫星发射中心用"长征三号乙"运载火箭，以"一箭双星"方式成功发射第 35、第 36 颗"北斗"导航卫星。9 月 19 日，我国在西昌卫星发射中心用"长征三号乙"运载火箭以"一箭双星"方式成功发射第 37、第 38 颗"北斗"导航卫星。这两颗卫星属于中圆地球轨道卫星，是我国"北斗三号"系统第 13、第 14 颗组网卫星。2019 年 12 月 16 日，西昌卫星发射中心再次以"一箭双星"成功发射两颗北斗卫星，全面完成"北斗三号"全球系统核心星座的部署，"北斗"全球服务能力全面实现。

"伽利略"计划是欧洲的全球导航服务计划，是一种中高度圆轨道卫星定位方案，总预算为 33 亿欧元。"伽利略"卫星导航定位系统，总共发射 30 颗卫星，其中 27 颗卫星为工作卫星，3 颗为候补卫星。除了 30 颗中高度圆轨道卫星外，还有 2 个地面控制中心。卫星高度为 24 126 公里，位于 3 个倾角为56° 的轨道平面内。美国太空评论网刊载纽约记者泰勒·迪纳曼的文章称，考虑到席卷全球的经济危机及欧盟方面决议计划和预算编制效率的低下，中国北斗卫星导航系统会先于"伽利略"卫星导航系统运行。而且，中国"北斗"的精度能够与 GPS 相媲美，还具有独门绝技——能在信号盲区发送短信，而"伽利略"则很难达到这一水平。

八、天基（卫星）宽带互联网

天基宽带互联网将不同轨道、多种类型卫星以及地面应用终端等进行宽带的互联互通，有机构成系统优化、功能完备的互联网络，并与新一代互联网、地面移动通信网等互联互通，为陆、海、空、天各类用户提供广域覆盖、高速传输、异构互联、综合应用以及移动和固定接入等信息服务。根据业务划分，与天基宽带互联网直接相关的卫星通信系统总体上包括卫星固定通信系统、卫星移动通信系统和数据中继系统三大类。

卫星固定通信系统包括宽带系统、固定/直播卫星系统等，一般采用C、Ku、Ka等频段，提供宽带通信、固定通信、电视直播等服务。当前，卫星宽带通信的需求最为旺盛，在轨、在研数量快速增长。

卫星移动通信系统包括移动通信系统和移动多媒体广播系统，一般采用L、S等频段，提供移动通信、移动多媒体广播和移动数据采集等服务。目前，高轨移动通信宽带化发展趋势明显；未来，基于Ka波段的第五代宽带移动通信卫星系统，将实现移动通信向大容量、高带宽方向发展。低轨通信卫星星座同样百花齐放：一网公司的Oneweb系统计划发展由648颗卫星组成的低轨卫星星座，工作频段为Ku频段，单星吞吐量大于每秒8 GB，总吞吐量为每秒5—10 TB的系统建成后，可向偏远地区用户提供每秒50 MB的互联网宽带接入服务，时延仅为20—30毫秒；下一代铱星系统也在快速推进。此外，中轨卫星宽带通信星座发展平稳。

数据中继系统卫星主要为航天器等空间用户、飞机等特殊空基用户提供测控、大容量数据中继传输等服务。从网络构建的角度，通信中继类卫星将是天基宽带互联网的核心与基础。目前，各国的数据中继通信系统开始更新换代。美国跟踪与数据中继卫星数据中继系统已经发展至第三代，通过Ka频段提供更高的数据传输速率和更好的系统灵活性。中国已经建成一代数据中继卫星系统，实现了对地球表面覆盖率为78%，对300千米以上高度的空间飞行器覆盖率100%；其他各类卫星（如导航、遥感等）可独立组网，并作为数据与业务提供方按需接入天基宽带互联网。

因此，从某种意义上讲，天基宽带互联网是一个创新的概念。为了推动中国天基宽带互联网的发展，中国《民用空间基础设施中长期发展规划》明确提出：2020年，通信卫星将在轨20余颗；2025年，通信卫星将实现在轨25颗左右，满足全球覆盖需求。一网公司希望利用大批量生产的Ka和Ku波段的低成本卫星，为移动运营商和互联网服务提供商提供每秒总计10 TB的互联网连接能力，使用内嵌LTE、3G、2G和WiFi能力的地面终端，包括可安装在发展中国家的学校或其他公共建筑物上的简易房顶终端。

中低轨道卫星在通信领域有着相当广泛的应用，它是通信事业发展不可或缺的一个价值链。在低轨宽带移动卫星通信系统的商业项目中，具有代表性的有中国"虹云工程"。

据中国航天科工集团二院院长张忠阳介绍，航天科工正在推进的"虹云工程"总共将发射156颗卫星以建立低轨宽带互联网覆盖全球，开展低轨宽带通信演示验证及应用示范。按照规划，整个"虹云工程"被分解为"1+4+156"三步，于2020年完成业务试验系统。2022年，我国将部署、运营整个"星座"，构建156颗卫星组成的天基宽带互联网，形成以低轨宽带通信为主，并具备导航增强、实时遥感支持能力的通信、导航、遥感综合信息系统。"届时，无论我们身处沙漠、海洋，还是在飞机上，都能享受到与家里一样的上网速度和服务体验。""虹云工程"极具先进性，将成为世界首套低轨 Ka 宽带通信系统，并在全世界首次采用宽带星间通信、星上宽带路由、多通道移相芯片等技术，宽带卫星通信终端体积最小、功耗最小、重量最轻。系统采用了卫星通信波束灵活可控的技术特质，可灵活适应频率变迁和技术演进的影响，不断进行升级。该系统建成后，将在各方面带来显著效益。在经济方面，能大规模服务于国内外的车辆、飞机、轮船等，提升智能驾驶、无人操控的可靠性，同时带来丰富的信息产品；在社会效益上，能为任意地区提供网络接入手段，提升经济欠发达地区的信息接入能力，为受灾地区提供快速反应的通信保障，实现救灾行动的快速反应和精准指挥，为车辆、船舶、通航飞机监管提供通信、定位手段，规范行业生态，为环境监测传感器提供数据回传，为数字中国的建设贡献传输通道和信息来源。

九、泛在网络

泛在网络（Ubiquitous Networking）中的 Ubiquitous 源自拉丁语，意为存在于任何地方。"泛在网"早于物联网的提出，1991年，Xerox 实验室的计算机科学家马克·怀泽（Mark Weiser）首次提出"泛在计算"（Ubiquitous Computing）的概念，描述了任何人无论何时、何地都可以通过合适的终端设备与网络进行连接，获取个性化信息服务。泛在网是基于个人和社会的需求，利用现有的和新的网络技术，实现人与人、人与物、物与物之间按需进行的信息获取、传递、存储、认知、决策、使用等服务，泛在网络具备超强的环境感知、内容感知及智能性，为个人和社会提供泛在的、无所不含的信息服务和应用。泛在网可在任何时间、任何地方、任何事物联结，它实际上就是一种无所不在的网络。①

十、物联网

物联网是通过二维码识读设备、射频识别装置、红外感应器、全球定位系统和激光扫描器等信息传感设备，按约定的协议，把任意物品与互联网相连接，进行信息交换和通信，以实现智能化识别、定位、跟踪、监控和管理的一种网络。

据《2018—2024年中国物联网行业竞争格局及投资风险预测报告》，全球物联网应用增长态势明显，当前正处于产业爆发前的战略机遇期。2015年，全球物联网规模为0.89万亿美元，预计到2020年，全球物联网市场规模将达到1.9万亿美元（见图1-5），物联网设备连接总量将达到300亿个（见图1-6）。按此计算，2015—2020年全球物联网市场规模的年均复合增长率为16.38%。据预测，2025年，全球物联网市场规模有成长至3.9万—11.1万亿美元的潜力。我国物联网行业的产业规模从2009年的1 700亿元跃升至2015年的超过7 500亿元，年复合增长率超过25%。2018年9月15日，一场以"数字新经济·物联新时代"为主题的2018年世界物联网博览会（以下简称"物博会"）在全国唯一的国家传感网创新示范区——江苏省无锡市（于太湖国际博览中心）开幕。此届物博会吸引了中国、美国、英国、德国、瑞典、芬兰、瑞士、以色列、日本、澳大利亚、新加坡等24个国家和地区的500多家高校、科研机构、企业参会。此届物博会的展示规模达5万平方米，主要包括物联网通信与平台支撑企业、智能制造与传感器、智慧生活、智慧交通与车联网、智慧城市共五大主题馆以及物联网典型应用案例互动体验展，会议将围绕物联网与智能制造、工业互联网、智能交通与车联网、物联网与人工智能、大数据创新发展、物联网信息安全、智能传感、物联网与分布式能源、智慧环保、智慧农业等领域进行深入的讨论，凝聚共识，畅谈未来。中

---

① 朱沛胜、段世惠：《泛在网络发展现状分析》，《电信网技术》2009年第7期，第18—22页。

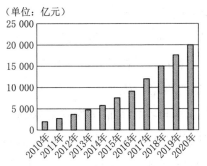

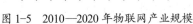

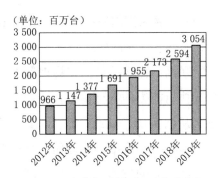

图 1-5　2010—2020 年物联网产业规模　　　图 1-6　每年新增物联网设备连接数

国物联网研究发展中心预计，到 2020 年，我国物联网的产业规模将达到 2 万亿，2015—2020 年的复合增长率为 22%。

如果说互联网（Internet）是人与人的网络，那么物联网（Internet of Things）则延伸到了机器和物品，它们是机器与机器、人与机器、物品与物品间的网络。从这个意义上来讲，物联网是互联网的革命性发展，其意义在于扩大了互联网的外延。到 2030 年，全球物联网设备连接数将接近 1 000 亿个，其中，中国超过 200 亿个（见图 1-7）。2009—2013 年，全国二十八个省、市、自治区纷纷将物联网作为支持产业，在 2013 年后转为"互联网 +"有序发展。

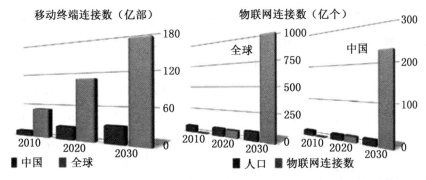

图 1-7　2010—2030 年全球和中国的移动终端及物联网连接数增长趋势

随着物联网应用的普及推广，用户数量快速增长，时时刻刻产生的大量数据需要存储、计算和处理，云计算、大数据应运而生。云计算是对基于网络的、可配置的共享计算资源池能够方便地随需访问的一种模式。这些可配置的共享资源计算池包括网络、服务器、存储、应用和服务，并且这些资源池以最小化的管理或者通过与服务提供商的交互可以快速地提供和释放。

十一、物联网与泛在网——二者概念的区别

物联网、泛在网概念的来源不同，内涵有所重叠但强调的侧重点不同。

物联网：物联网是指在物理世界的实体中部署具有一定感知能力、计算能力或执行能力的各种信息传感设备，通过网络设施实现信息传输、协同和处理，从而实现广域或大范围的人与物、物与物之间信息交换需求的互联。物联网包括各种末端网、通信网络和应用共3个层次，其中末端网包括各种实现与物互联的技术，如传感器网络、射频识别、二维码、短距离无线通信技术、移动通信模块等。物联网末端采用的关键技术之一则是传感网。

泛在网络：泛在网络是指基于个人和社会的需求，利用现有的网络技术和新的网络技术，实现人与人、人与物、物与物之间按需进行的信息获取、传递、存储、认知、决策、使用等服务，网络超强的环境感知、内容感知及其智能性，为个人和社会提供泛在的、无所不含的信息服务和应用。

未来泛在网、物联网各有定位，传感器网是泛在网络、物联网的组成部分，其最主要的特征是利用各种各样的传感器加上中低速的近距离无线通信技术。物联网是泛在网发展的一个阶段，通信网、互联网、物联网之间相互协同融合是泛在网发展的目标。

物联网将解决广域或大范围的人与物、物与物之间信息交换需求的联网问题，物联网采用各种不同的技术把物理世界的各种智能物体、传感器接入网络。物联网通过接入延伸技术，实现末端网络（个域网、汽车网、家庭网络、社区网络、小物体网络等）的互联来实现人与物、物与物之间的通信，在这个网络中，机器、物体和环境都将被纳入人类感知的范畴，利用传感器技术、智能技术，所有的物体将获得生命的迹象，从而变得更加聪明，实现了数字虚拟世界与物理真实世界的对应或映射。

虽然物联网和泛在网的概念不同，起源不一样，侧重点也不一致，但是从发展的视角来看，未来的网络发展看重的更多是无处不在的网络基础设施的发展及帮助人类实现"4A化"通信，即在任何时间、任何地点、任何人、任何物都能顺畅地通信。在这点上，物联网与泛在网是相通的。

从物联网、云计算、大数据到人工智能，影响深远的创新正在全球各个科技领域展开，持续改变着消费者、企业以及机器的交互方式，同时刺激着

科技市场成长的革新。

全球范围内物联网的产业实践主要集中在三大方向：

第一个实践方向被称作"智慧尘埃"，主张实现各类传感器设备的互联互通，形成智能化功能的网络。

第二个实践方向即广为人知的基于射频识别技术的物流网，该方向主张通过物品物件的标识，强化物流及物流信息的管理，同时通过信息整合，形成智能信息挖掘。

第三个实践方向被称作数据"泛在聚合"意义上的物联网，认为互联网造就了庞大的数据海洋，应通过对其中每个数据进行属性的精确标识，全面实现数据的资源化，这既是互联网深入发展的必然要求，也是物联网的使命所在。

十二、"互联网+"

（一）"互联网+"概念的提出

"互联网+"，即"互联网+各个传统行业"，但这并不是简单的叠加，而是利用通信技术以及互联网平台，让互联网与传统行业进行深度融合，以营造新的发展生态。2009年，"物联网"概念兴起后，我国有28个省、市、自治区把物联网视作支持产业，80%的城市把物联网作为导引产业，形成20多个物联网联盟、行业协会，其中包括上海物联网中心。国内"互联网+"概念的提出，最早可以追溯到2012年11月于扬在易观第五届移动互联网博览会的发言。他认为："在未来，'互联网+'公式应该是我们所在行业的产品和服务。""互联网+"代表了一种新的社会形态，它将充分发挥互联网在社会配置中的优化和集成作用，将互联网的创新成果深度融合于经济、社会各领域之中，提升全社会的创新力和生产力，形成更加广泛的以互联网为基础设施和实现工具的经济发展新形态。"互联网+"比物联网更容易与各行各业连接和入手，更接地气。2013年11月，马化腾提出："互联网+一个传统行业"其实就是代表了一种能力，或者是一种外在的资源和能力，对这个行业的提升。2015年，马化腾再次系统阐述了对互联网与传统产业关系的看法，建议以"互联网+"为驱动，鼓励产业升级，推动我国经济和社会的持续发展与转型升级。2015年3月，政府工作报告制定"互联网+"行动计划，正式把

"互联网+"纳入国家发展战略。2015 年 7 月 4 日，国务院印发《国务院关于积极推进"互联网+"行动的指导意见》。2015 年 12 月 16 日，第二届世界互联网大会在浙江乌镇开幕。在"互联网+"论坛上，中国互联网发展基金会联合百度、阿里巴巴、腾讯共同发起倡议，成立"中国互联网+联盟"。

真正触发"互联网+"的事件是日本电信巨头软银集团以 320 亿美金收购 ARM 公司。ARM 当时已经生产 1 000 亿颗芯片，大部分手机或家电中都有该公司的芯片。ARM 针对物联网又推出低功耗芯片，在芯片的基础上推出 mbed 平台，其于 2016 年转变为 mbed OS。软银集团当时成立了"千亿软银愿景"基金，在此项基金支持下建立了 mbed cloud，设备可通过网关、手机登录 mbed 云。软银集团收购 ARM 的契机是 5G 概念的提出，2G、3G、4G 手机服务对象以人为目标，而 5G 第一次以物为目标，使得通信系统实现"3A 化"，即可在任何时间、任何地点与任何人通信。今天，我们已可以随时与在外亲友通话、视频聊天，每个人身上都有一个、两个甚至三个手机。至今，互联网络已经渗透到各个领域（见图 1-8），例如：网络金融（如余额宝、电子钱包、手机支付）、网络购物（如淘宝、京东）、网络医疗（远程医疗）、网络政务（如政务公开、咨询举报、视频会议）、网络教育（远程教育）、网络电视（点播电视）、网络游戏（如 VR 游戏）、网络交通（如打车软件、GPS、共享单车、车联网）、网络家居（智能家居）、网络追逃、网络打拐等。

图 1-8 互联网已渗透到各个领域

（二）"互联网 +"的六大特征

1. 跨界融合。"+"本身意味着跨界，它是变革，它是开放，它是一种重塑融合。敢于跨界了，创新的基础才更坚实；融合协同了，群体智能才会实现，从研发到产业化的路径才会更垂直。"融合"本身也指代身份的融合，客户消费转化为投资，伙伴参与创新等。

2. 创新驱动。我们所处的时代，有人称为信息经济时代、数字经济时代，甚至有人说"创客"经济时代、连接经济时代来了。这一方面说明时代处于动态变化中，另一方面说明这些因素在这个特定阶段愈发表现出其重要性和主导性。资源驱动型增长方式早就难以为继，必须转变到创新驱动发展这条正确的道路上来。

3. 重塑结构。重塑结构从互联网时代就已经开始了。信息革命、全球化、互联网已打破了原有的社会结构、经济结构、地缘结构、文化结构。权力、议事规则、话语权不断在发生变化。"互联网 + 社会治理"、虚拟网络、虚拟现实和虚拟社会治理会有很大的不同。

4. 尊重人性。人性的光辉是推动进步的首要力量，人性的光辉是推动科技进步、经济增长、社会进步、文化繁荣的最根本的力量。例如：由互联网创意产生的用户生产内容、专业生产内容，卷入式创意营销和分享经济等各种新生事物。以用户生产内容为代表的网站，如各大论坛、博客和微博客站点，其内容均由用户自行创作，管理人员只是协调和维护秩序；而专业生产内容则在各大网站中都有身影。由于专业生产内容既能共享高质量的内容，网站商又无须为此支付报酬，所以用户生产内容站点很欢迎专业生产内容。用户生产内容和专业生产内容都是现在网站中常用的产生内容的方法，二者既有联系又有区别，要想网站更好的发展，把二者结合起来操作，会是一个很不错的选择。卷入式创意营销是一种新型的营销传播模型，通过创意方式把新旧媒体的两个传播特点进行创造性融合，为整合营销提供了一个整体的新思维。它是新旧两种传播模式的总结与提升，也是对现行营销活动规律的总结。随着科技的发展，生产力和社会财富快速提升，经济过剩成为全球新问题。闲置库存、闲置产能、闲置资金、闲置物品成为常态，分享经济恰恰是一种通过大规模盘活经济剩余而激发经济效益的经济形态。

5. 开放生态。依靠创新、创意、创新驱动，同时要跨界融合、达到协同，就一定要优化生态。对企业，应优化内部生态，并和外部生态做好对接，形成生态的融合性。更重要的是开发创新的生态，如技术和金融结合的生态、产业和研发进行连接的生态等。关于"互联网+"，其生态是非常重要的特征，而"互联网+"的生态本身就是开放的。我们推进"互联网+"，其中一个重要的方向就是要把过去制约创新的环节化解，把孤岛式创新连接起来，让研发由人性决定市场驱动，让努力的创业者有机会实现个人价值。

6. 连接一切。有一些基本要素，包括技术（如互联网技术，云计算、物联网、大数据技术等）、场景、参与者（人、物、机构、平台、行业、系统）、协议与交互、信任等。一定要把握它和"连接"之间的关系。连接是有层次的，可连接性是有差异的，连接的价值是相差很大的，但是连接一切是"互联网+"的目标。

（三）"互联网+"应用范围

"互联网+"的应用范围非常广泛，涉及工业、农业、医疗、教育、政务、金融、交通、民生等许多领域。总之，"互联网+"就是互联网平台加上一个传统行业，相当于给这个传统行业加一双互联网的翅膀，助飞传统行业。比如"互联网+金融"，由于与互联网相结合，诞生出了很多普通用户触手可及的理财投资产品，例如余额宝、P2P投融资产品等；而"互联网+餐饮"，就诞生了许多的团购和外卖网站；"互联网+婚姻交友"，诞生了众多的相亲交友平台；等等。但这并不是简单的两者相加，而是利用互联网平台，让互联网与传统行业进行深度融合，创造新的社会形态。

2018年5月，国务院发布《关于促进"互联网+医疗健康"发展的意见》，鼓励所有医院通过互联网平台满足患者诊前、诊中、诊后等全部医疗需求。随后国家卫健委、国家中医药管理局连发三文件——《互联网诊疗管理办法（试行）》《互联网医院管理办法（试行）》《远程医疗服务管理规范（试行）》——规范行业、指导发展，也就将互联网医疗推向了快速铺开的新局面。互联网医疗的全面推广，可使整个产业链都从中获益，包括工业和零售业。这也就预示着，新的行业爆发点要来了。

如今，人们几乎离不了网络。全球移动宽带卫星互联网系统将实现六个方面的应用能力：一是智能终端通信，支持商业手机直接接入卫星星座，提供高清语音服务等即时通信服务、电子邮件服务等；二是互联网接入，提供低延迟的数据服务能力，使用户享受到与地面网络近似的上网体验，面向野外作业和远洋作业等市场，可实现远程教育、远程医疗等服务保障；三是物联网接入，服务于低能耗微型化物联网终端，重点开拓环境监测、远洋物流、危险化学品监控、交通管理、智慧海洋等新型产业需求；四是热点信息推送，充分利用卫星广域覆盖的特性，实现文化宣传、灾害预警、公共安全警告、天气播报、头条新闻播发、交通广播等热点、焦点信息的实时播发推送；五是导航增强，转发北斗差分接收机基站改正信息，为机载、车载定位终端提供更加精准可靠的位置服务，满足无人汽车驾驶、无人机管控、精准农业、工程机械市场的发展需求；六是航空航海监视，能够实现全球飞机、船舶的全周期跟踪、提供统计数据增值服务，满足日益增长的航空航海市场发展需要，实现安全可靠的全球交通运输能力。

（四）"互联网+"发展趋势预测

随着"宽带中国"战略、提速降费行动的深入实施，我国信息基础设施将向高速宽带、泛在融合、天地一体迈进，智能化综合信息设施加速形成。光纤宽带全球领先，高速宽带互联网加速渗透。骨干网间互联架构进一步优化，互联网各环节协同发展，互联网访问质量持续提升。

应用设施创新发展，有力支撑网络经济壮大发展。云计算数据中心、内容分发网络将持续高速发展，实现数据高速传输、高效处理和深度挖掘。物联网应用连接将日益普及，信息网络从人人互联到万物互联，从网络空间到信息物理空间一体化扩展。

与传统企业相反的是，当前"全民创业"的时代常态下，与互联网相结合的项目越来越多，这些项目从诞生开始就是"互联网+"的形态，因此它们不需要再像传统企业一样转型与升级。"互联网+"正是要促进更多的互联网创业项目的诞生，从而无须再耗费人力、物力及财力去研究与实施行业转型。可以说，每一个社会及商业阶段都有一个常态以及发展趋势，"互联网+"提出之前的常态是千万企业需要转型升级的大背景，后面的发展趋势则是大量"互联网+"模式的爆发以及传统企业的"破与立"。

趋势一：政府推动"互联网+"落实；

趋势二："互联网+"服务商崛起；

趋势三：第一个热门职业是"互联网+"技术；

趋势四："互联网+"职业培训兴起；

趋势五：平台（生态）型电商再受热捧；

趋势六：供应链平台更受重视；

趋势七：O2O（将线下的商务机会与互联网结合，让互联网成为线下交易的平台）会成为"互联网+"企业首选；

趋势八：创业生态及孵化器深耕"互联网+"；

趋势九：加速传统企业的并购与收购；

趋势十：促进部分互联网企业快速落地。

如果说过去是互联网企业主动寻求传统企业的合作，"互联网+"则会让传统企业主动寻求互联网企业的合作。

第二章　物联网

一、物联网的起源和发展

（一）基于不同应用构架的物联网来源

物联网的来源可以追溯到以下三个基于不同应用构架的分类（见图 2-1），它们通过两化（工业化和信息化）相互融合：

（1）建立在全球产品电子代码上的物联网：基于近程通信和射频识别技术的商品流通领域（包括食品、药品等一切商品）。

（2）基于无线传感网络的物联网：包括战场临时组建网、环境监测网、GPS、地理信息系统、野生动物保护网等。

（3）基于设备数据收集和远程监控的物联网：采用 M2M 的机器、车辆甚至工厂的自动控制和人机对话领域。

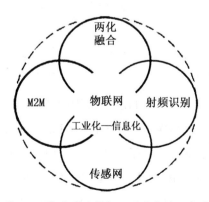

图 2-1　基于应用构架不同的物联网来源

27

1. 基于近程通信和射频识别的物联网发展

为了商品流通的便利，20世纪中叶，商品上先后出现了各种形式的标签：条码、磁卡、集成电路卡（IC卡）和射频识别卡。随着时间推移，条码演变为磁卡、集成电路卡和射频识别卡，它们的性能比较如表2-1所示。射频识别技术是进入实用阶段的一种非接触式自动识别技术，它利用射频信号及其空间耦合和传输特性，实现对静止或移动物体的自动识别。射频识别的信息载体是射频标签，其形式有卡、纽扣等多种表现形式。射频识别标志具有体积小、容量大、寿命长、可重复使用等特点，可支持快速读写、非可视识别、移动识别、多目标识别、定位及长期跟踪管理。20世纪70年代开始，全球推广应用以条码为核心的全球统一标识系统（EAN-UCC系统）。产品电子代码结合射频识别与传统条码技术相比有六大优点：①唯一标识；②读取方便；③长寿耐用；④动态更改；⑤可扩展性；⑥射频识别电子标签可以设置密码，保密性强；⑦射频识别可以用来追踪和管理几乎所有的物理对象。

表2-1 射频识别卡与条码、磁卡、集成电路卡的比较

	信息载体	信息量	读/写性	读取方式	保密性	智能化	抗干扰能力	寿命	成本
条码	纸、塑料、金属表面	小	只读	CCD或激光束扫描	差	无	差	较短	极低
磁卡	磁性物质	一般	读/写	电磁转换	一般	无	较差	短	低
集成电路卡	EEPROM	大	读/写	电擦除、写入	最好	有	好	长	较高
射频识别	EEPROM	大	读/写	无线通信	最好	有	很好	最长	较低

1999年，美国麻省理工学院自动识别中心在美国统一代码委员会的支持下，率先提出了产品电子代码（Electronic Product Code，EPC）的概念，产品电子代码从本质上来说是一个电子标签，通过射频识别系统的电子标签读写器可以实现对产品电子代码标签内存信息的读取。2003年10月，产品电子代码全球组织成立，以推广产品电子代码和物联网的应用。产品电子代码是物

联网的一项新技术，它是信息社会、网络社会发展的必然结果。随后，由国际物品编码协会和美国统一代码委员会主导，实现了全球统一标识系统中全球贸易产品码（Global Trade Item Number，GTIN）的编码体系与产品电子代码概念的完美结合，将产品电子代码纳入了全球统一标识系统，产品电子代码标签通过统一标准、大幅降低价格、与互联网技术实现全球信息互通，从而确立了产品电子代码在全球统一标识系统中的战略地位。

自 20 世纪 70 年代开始在全球推广应用以条码为核心的全球统一标识系统（EAN-UCC 系统）以来，全球已有 100 多个国家和地区加入了国际物品编码协会，超过 120 万家公司和企业加入了全球统一标识系统，上千万种商品利用条码作为标识参与商品流通。我国有超过 16 万家单位注册全球统一编码标识系统（GS1）成员，总数居世界第二位。目前，GS1 系统在全球的贸易、物流、生产、医药、建材、产品溯源、电子商务等领域得到广泛应用，已成为全球通用的商务语言。

2. 基于无线传感网络的物联网发展

无线传感器网络（WSNs）是在微机电系统（MEMS）、传感技术、无线通信和集成电路、计算机等技术发展的基础产生的。大规模的低功耗、低成本、多功能的微型无线传感器通过协同合作、数据收集、处理和特有的无线通信手段共同组成了无线传感网络，从而产生了一种全新的信息获取和处理模式。传感器网络的发展历程分为以下三个阶段：

第一阶段是早在 20 世纪 50 年代美国军方就开始研发的军用声音监管系统（SOSUS），把传感器网络用于声音监测。越南战争中，美军投放了 2 万多个"热带树"传感器。

第二阶段为 20 世纪 80—90 年代之间。80 年代，美国国防部高级研究计划局发展了分布式传感器网络（DSN）；90 年代，随着"网络中心战"的提出，军用传感器网络得到进一步重视和发展，特别注重发展具有协同攻击能力的军用传感器网络，例如固定分布式系统（FDS）、先进的可配置系统（ADS）、联合混合跟踪网络（JCTN）和传感器信息技术（SensIT）。嵌入式网络传感系统（ENSS）或无线集成微系统（WIMS）是 20 世纪 90 年代兴起的新事物，它综合了传感器、嵌入式计算、分布式信息处理和通信等多种技术，能够协同地实时监测、感知和采集网络分布区域内的各种环境或监测对象的信息，并通过对这些信息的处理而获得详尽、准确的信息，再传送到需要这些信息的用户。

第三阶段为 20 世纪末开始至今。1996 年，由美军联合作战参谋部首先提出 21 世纪联合作战框架设想——"联合构想 2010"，主要列举面对全球化时代战争的诸多不确定因素，如何利用美军技术创新和信息优势威力，发挥协同作战以在不对称战争中全面取胜的设想。在美国国防部 1998 年提出的 21 世纪美国战略目标和投资计划中，包括美国作战科学和技术目标（10 项）、美国国防技术目标（11 项）、美国武器系统技术（18 项）等，传感器都作为单项名列其中。在作为美国政府和国防部出口控制和技术许可的基本参考的美国关键军事技术一览表的 20 个项目中，传感器技术名列第 17，其中特别强调了声敏、光电传感器和雷达。据美国《商业周刊》认为，"传感器网络是全球未来四大高技术产业之一"。1999 年 9 月，美军提出全球信息栅计划（Global Information Grid），它定义为能按战士、政策制定者和支持者的要求收集、处理、存储、传播和管理的首尾无缝衔接的全球信息链，可进行高容量联网操作，能与多种武器系统兼容，为美军及盟军提供"即插即用"的互操作能力，按全方位、深度防御等要求提供信息和带宽。2000 年 6 月，美国政府公布了包括适用于战争和和平时期的指导性文件——21 世纪全方位优势的《2020 年联合构想》。它是包括多个国家和机构在内的全方位、多层次的联合军事运作，其中信息优势是关键，智力和技术创新是依靠。2001 年，美国陆军提出智能传感器网络通信计划。据报道，美国军方正在开发 3 种与传感网络系统有关的关键技术：强有力的机动地面目标打击系统（AMSTE）、先进战术目标技术（AT3）和战术目标瞄准网络技术（TTNT）。随后，美国国防部拟化 340 亿美元于全球信息栅网络的建设。2002 年，美国能源部启动"应付生化恐怖对策"项目，该系统实际上是检测有毒气体的化学传感器与网络技术的结合。到 2003 年 1 月，美国国土安全部已经耗资 6 000 万美元在 31 个城市建立了监测生化恐怖威胁的"生化监测网"。2003 年，美国国防部高级研究计划局决定在指挥、控制、通信、计算机、情报和侦察的传统研究领域增加新内容——杀伤，其功能基本分成传感器平台、情报和监视、武器和军火三大块，而网络传感系统是其关键核心技术之一。其他具有代表性的无线传感网络还有：遥控战场传感器系统（REMBASS）、网络中心战（NCW）、灵巧传感器网络（SSW）等。据美国《每日防务》2003年11月20日报道，美国国防部高级研究计划局在空军研究实验室的支持下成功地验证了能够准确确定敌方目标位置的网络传感器融合技术。这项验证工作是美国国防部高级研究计划局投资的网络嵌入式系统技术战场应用实验的一部分。该项目的长期目标是组建一个融合的分布式智能传感器信息网，实现物理系统和信息处理系统的融合，以显著提高作战态势感知能力。定量目标是建立一个包含10万—100万个简单计算节点在内的可靠、实时、低价的分布式嵌入应用网络。这些节点将由传感器和执行器耦合成的物理和信息系统部件组成，采用现场可编程门阵列模式，并应用大量微型传感器、微电子、先进传感器融合算法、自定位技术和信息技术方面的成果。其节点可通过空投、自动放置或人工分发等方式植入到作战环境中，目前正在进行城市作战试验。2004年3月18日，有报道引用总统办公厅的国家信息技术研究与发展办公室主任大卫·纳尔逊的说法，无线传感器网络技术预示着为战场带来新的电子眼和电子耳，"能够在未来几十年内变革战场环境"。未来的智能传感器将具有自组装、自校正、自补偿等功能，并作为网络节点可直接与计算机网络通信。

无线传感器网络（WSNs）是由许许多多功能相同或不同的无线传感器节点组成，每一个传感器节点由数据采集模块（传感器、A/D转换器）、数据处理和控制模块（微处理器、存储器）、通信模块（无线收发器）和供电模块（电池、DC/AC能量转换器）等组成。基于TCP/IP协议的互联网技术和无线通信技术的发展为无线传感器的网络化提供了必要的技术手段，通过微机电技术和射频通信技术的融合，促进了无线传感器及其网络的诞生。传统的传感器正逐步实现微型化、智能化、信息化、网络化，正经历着一个从传统传感器到智能传感器以至嵌入式网络传感器的内涵不断丰富的发展过程。

分布式无线传感器网络是由使用传感器的器件组成的在空间上呈分布式的无线自治网络，通过无线通信实现自组织网络，获取周围环境的信息，形成分布式自治系统，相互协同完成特定的任务。具体地说，就是把感应器嵌入和装备到电网、铁路、桥梁、隧道、公路、建筑、供水系统、大坝、油气

31

管道等各种物体中，然后将"物联网"与现有的互联网整合起来，实现人类社会与物理系统的整合。在这个整合的网络中，存在能力超级强大的中心计算机群，能够对整合网络内的人员、机器、设备和基础设施进行实时的管理和控制。在此基础上，人类可以以更加精细和动态的方式管理生产和生活，达到"智慧"状态，提高资源利用率和整体生产力水平，改善人与自然间的关系。

3. 基于设备数据收集和远程监控的物联网的发展

M2M 是所有增强机器设备通信和网络能力的技术的总称，M2M 狭义指机器对机器的通信业务（即机器的互联网），广义上包括人与人（Man to Man）、人与机器（Man to Machine）、机器与机器（Machine to Machine）之间的通信。M2M 表达的是多种不同类型的通信技术有机地结合在一起：机器之间通信、机器控制通信、人机交互通信、移动互联通信。M2M 让机器、设备、应用处理过程与后台信息系统共享信息，并与操作者共享信息。它提供了设备实时地在系统之间、在远程设备之间、同个人之间建立无线连接以及传输数据的手段。M2M 技术综合了数据采集、GPS、远程监控、电信、信息技术，是计算机、网络、设备、传感器、人类等的生态系统，能够使业务流程自动化，集成公司 IT 系统和非 IT 设备的实时状态，并创造增值服务。M2M 技术综合了传感器、通信和网络技术（见图 2-2），将遍布在人们日常生活中的机

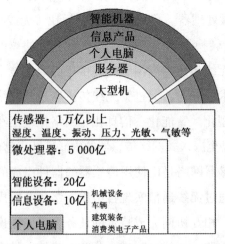

图 2-2　M2M 技术综合了传感器、通信和网络技术

器设备连接成网络，使这些设备变得更加"智能"，从而可以创造出丰富的应用，给日常生活、工业生产等带来新一轮的变革。

当前的M2M卡类产品根据不同行业应用主要可划分为三类。第一类是普通SIM卡产品形态，主要应用在对环境要求不高的领域，要求工作温度在$-25℃$—$85℃$范围内。第二类M2M卡主要满足对工作温度要求比较高的应用，如车载系统、远程抄表、无人值守的气象和水利监控设备、煤矿和制造业施工监控等应用，这些领域环境比较恶劣，工作温度要求在$-40℃$—$105℃$范围内，并且要求M2M卡能够防湿和抗腐蚀。这些都对产品性能提出了极高的要求，因此，这类产品就要选择高性能芯片，并且封装采用塑封方式。第三类是SMD特殊封装的模块产品，将M2M模块焊接在设备主板上，除了温度要求达到$-40℃$—$105℃$以外，还要求起到防震作用。这种产品主要应用在交通运输、物流管理和地震监控等应用领域。M2M技术与社会的发展和人们的生活、工作密切相关。M2M技术可以说是无处不在，其应用遍布各个领域，主要包括交通领域（物流管理、定位导航）、电力领域（远程抄表和负载监控）、农业领域（大棚监控、动物溯源）、城市管理（电梯监控、路灯控制）、安全领域（城市和企业安防）、环保（污染监控、水土检测）、企业（生产监控和设备管理）和家居（老人和小孩看护、智能安防）等。

物联网将把新一代IT技术充分运用在电力、水利、采油、采矿、环保、气象、烟草、金融和现代农业等行业信息采集或交易系统中，具体地说，就是把感应器嵌入和装备到电网、铁路、桥梁、隧道、公路、建筑、供水系统、大坝、油气管道等各种物体中。物联网也可广泛用于国防军事、国家安全、环境科学、交通管理、反恐维稳、防震救灾、城市信息化乃至海底板块调查、行星探测等领域。物联网的应用范围随着不同网络的融合和微电子技术、信息技术等的发展而不断扩大，从智能模块、智能器件到智能家居、智能建筑；从IP电话到视频通话，再到远程教育、远程医疗；从智能工厂到智能制造，再到智能电网、智能交通，到地理信息系统和整个环境的监测；物联网不仅在健康医疗和食品、药品安全方面可发挥效用，而且它可覆盖所有商品，从产品制造、存储、流通到使用所有环节，可从个人健康监护直到整个生存环境的监护。从智慧小区、智慧城市直到"感知中国""智慧地球"。

二、物联网的原理

物联网来源可以追溯到三个基于不同应用构架的分类，其不同工作原理分别描述如下：

1. 基于近程通信和射频识别物联网的应用架构原理

近程通信（Near Field Communication，NFC）是新兴的短距离连接技术，从很多无接触式的认证和互联技术演化而来。当两个兼容 NFC 的设备接近到40 厘米时，就可以进行数据传输，可读可写。NFC 技术与很多现有的技术兼容，如蓝牙和无线局域网。

射频识别技术是进入实用阶段的一种非接触式自动识别技术，它利用射频信号及其空间耦合和传输特性，实现对静止或移动物体的自动识别，而无需识别系统与特定目标之间建立机械或光学接触。射频识别由射频识别电子标签（在某一个事物上有标识的对象）、射频识别读写器（读取或者写入附着在电子标签上的信息，可以是静态，也可以是动态的）以及射频识别天线（用在读写器和标签之间做信号的传达）三个方面组合而成。射频识别的信息载体是射频标签，其形式有卡、纽扣等多种表现形式。射频识别标签由耦合元件及芯片组成，每个射频识别标签具有唯一的电子编码——电子产品代码，附着在物体上标识目标对象。按通信方式，射频识别标签可分为被动、半主动和主动三类。被动式标签没有内部供电电源，其内部集成电路通过接收由射频识别读取器发出的电磁波进行驱动，当标签接收到足够强度的信号时，可以向读取器发出数据。这些数据不仅包括全球唯一身份识别码，还可以包括预先存于标签内 EEPROM 中的数据。被动式标签具有价格低廉、体积小巧、无需电源的优点，市场上的射频识别标签主要是被动式的。主动式标签本身具有内部电源供应器，用以供应内部 IC 所需电源以产生对外的信号，主动式标签拥有较长的读取距离和较大的记忆体容量可以用来储存读取器所传送来的一些附加信息。半主动式类似于被动式，不过它多了一个小型电池，电力恰好可以驱动标签 IC，使得 IC 处于工作的状态。

射频识别标签具有体积小、容量大、寿命长、可重复使用等特点，可支持快速读写、非可视识别、移动识别、多目标识别、定位及长期跟踪管理。在由电子产品代码标签、识读器、神经网络软件服务器、互联网、对象名解

34

析服务器、PML 服务器以及众多数据库组成的实物互联网中，识读器读出的电子产品代码只是一个信息参考（指针），由这个信息参考从互联网找到 IP 地址并获取该地址中存放的相关物品信息，并采用神经网络软件系统处理和管理由识读器读取的一连串电子产品代码信息。由于在标签上只有一个电子产品代码，计算机需要知道与该电子产品代码匹配的其他信息，这就需要对象名解析服务来提供一种自动化的网络数据库服务，神经网络软件服务器将电子产品代码传给对象名解析服务器，对象名解析服务器指示神经网络软件服务器到一个保存着产品文件的 PML 服务器查找，该文件可由神经网络软件服务器复制，因而文件中的产品信息就能上传到供应链。射频识别是一项重要技术，当产品嵌入近程通信技术时，将大大简化很多消费电子设备的使用过程，帮助客户快速连接、分享或传输数据，给客户带来很多简便性。为建立在全球产品电子代码上的物联网，产品电子代码全球组织提出了自动识别系统的五大技术组成，分别是电子产品码标签、射频识别标签阅读器、中间件实现信息的过滤和采集、信息服务系统以及信息发现服务。产品电子代码物联网系统的特点是开放的体系结构、独立的平台和高度的互动性和灵活的可持续发展的体系。

把对商品 / 产品的射频识别、产品电子代码和互联网三个元素的有效组合，孕育出改变世界商品 / 产品生产和销售管理的物联网系统。

一般来讲，物联网的开展步骤主要如下：

（1）对物体属性进行标识，属性包括静态和动态属性，静态属性可以直接存储在标签中，动态属性需要先由传感器实时探测；

（2）需要识别设备完成对物体属性的读取，并将信息转换为适合网络传输的数据格式；

（3）将物体的信息通过网络传输到信息处理中心，由处理中心完成物体通信的相关计算。

产品电子代码物联网是信息社会、网络社会发展的必然结果。

2. 基于无线传感网络的物联网原理

典型的传感系统网络由传感器节点、接收发送器、互联网或通信卫星、任务管理节点等部分组成，传感器节点分布在指定的感知区域内，每个节点都可以收集数据，并通过"多跳"路由方式把数据传送到接收发送器，接收发送器也可以用同样的方式将信息发送给各节点。接收发送器直接与互联网或通信卫星相连，通过互联网或通信卫星实现任务管理节点与传感器之间的通信。传感器节点由电源、感知部件、嵌入式处理器、存储器通信部件和软件（如嵌入式操作系统、嵌入式数据库）等构成。

美国洛克威尔科学中心建立的用于大范围监控个人、车辆健康状态的无线传感器网络具有特定配置的无线集成网络传感器节点以及移动和固定两种用户界面。无线集成网络传感器节点通过多个传感器感知环境，自主或与相邻节点协同处理传感器数据，并经由各种网络拓扑结构与用户互通信息。无线集成网络传感器是不需要用户干涉的自组装（包括建立和维护）系统，小型化、低功耗是无线集成网络传感器发展的基本驱动力。预计不久将批量生产低价集成无线电通信、数字计算和微机电传感的小型、超低功耗 CMOS 芯片模块，无线集成网络传感器将容易地配置实地使用，例如，通过飞机或航空车辆空投到战场形成高冗余、自组装的临时传感器网络。

传感系统网络的性能直接影响其可用性，除了考虑传感系统感知种类搭配、感知的灵敏度和范围、数据处理和通信能力、网络动态性和移动性等以外，评价传感系统网络性能的标准还有：能源有效性、生命周期、时间延迟、感知精度、可扩展性、容错性等。

无线传感器网络与传统的无线网络（如无线局域网和蜂窝移动电话网）有着不同的设计目标，后者在高度移动的环境中通过优化路由和资源管理策略实现带宽利用率的最大化，同时为用户提供一定的服务质量保证。但在无线传感器网络中，除了少数节点需要移动以外，大部分节点都是静止的，因为它们通常运行在人们无法接近的恶劣甚至危险的远程环境中，能源无法补充。因此，设计有效的策略延长网络的生命周期成为无线传感器网络的核心问题。

嵌入式网络传感系统是一种专用的计算机系统，作为装置或设备的一部分。通常，嵌入式系统是一个控制程序存储在 ROM 中的嵌入式处理器控制板。事实上，所有带有数字接口的设备，如手表、微波炉、录像机、汽车等，都使用嵌入式系统。嵌入式网络系统特点和性能评价如下：

与传统布线方法不同，嵌入式网络传感系统的传感器节点高密度分散配置，并直接置于需研究测量的地方。为保障这些节点自动运行，系统需要自动处理信息和运作，例如：如何进行节点自身定位和数据排序，如何使用最少的能量消耗获得最大的通信效率。

嵌入式网络传感系统具有如下特点：

（1）具有高可靠性、低功耗、低成本和微体积等特点；

（2）可根据输入信号进行判断和制定决策，具有自检测、自校准和自保护功能；

（3）可在单一传感器基础上通过软件设计来改变传感器的功能，以满足用户的不同需求；

（4）采用当今最为流行的 TCP/IP 网络通信协议为载体，利用互联网传输传感器数据，与外部进行信息交换；

（5）技术人员可利用浏览器通过网络管理嵌入式网络传感器的工作状态，实施远程测控；

（6）采用即插即用技术，具有良好的开放性、可升级性和可维护性，方便测控系统的集成；

（7）实现了传统的数据采集和发送向网络化信息管理与集成的转移。

传感系统网络的性能直接影响其可用性，除了考虑传感系统感知种类搭配、感知的灵敏度和范围、数据处理和通信能力、网络动态性和移动性等以外，如何评价传感系统网络性能的标准还有能源有效性、生命周期、时间延迟、感知精度、可扩展性、容错性等。

3. 基于设备数据收集和远程监控的物联网原理

M2M 产品主要集中在卡类和模块形态，随着集成化的不断提高，未来M2M 将是机卡一体化的标准终端产品，该标准终端将目前采集设备的通信模块和 SIM 模块集成在一起，外围预留标准的电源接口和其他行业应用接口。这种 M2M 标准终端发展取决于各个行业应用的需求。从长远来看，它将是M2M 终端发展的一种趋势。

对于物联网和 M2M，目前已经推出了 M2M 各种卡类和模块产品，并且应用在国内外不同领域。所有 M2M 设备都要通过 M2M 平台与电信的业务平台才能和行业的应用平台相连，M2M 平台应用模式的确定将极大地推动和促进 M2M 业务的发展，并且将所有行业网络资源实现互联互通，物联网的发展目标就是要充分利用网络资源优势来将各个单个的、独立的网络进行整合成一个资源共享的庞大网络系统。

M2M 平台包括四个功能模块。第一个是安全访问控制模块，这个模块的功能主要是针对码号资源管理、SIM 个人化、密钥管理和鉴权访问控制。对于运营商来说，当前码号资源十分紧张，如何在物联网时代，解决码号资源问题已成为当务之急。第二个功能模块是终端管理模块，主要是对 M2M 终端的注册、状态和监控管理。第三个是业务管理模块，主要是针对全网应用以及各级应用管理。第四个是业务定制模块，主要考虑对各行业的二次开发和增值业务管理。通过上述四个功能模块，可以有效地对 M2M 的各个系统、终端和业务进行管理和支撑。

M2M 一般认为是机器到机器的无线数据传输，有时也包括人对机器或机器对人的数据传输。有多种技术支持 M2M 网络中终端之间的传输协议，目前主要有 IEEE802.11a/b/gWLAN 和 Zigbee，二者都工作在 2.4G 的自主频段，在 M2M 的通信方面各有优势。采用 WLAN 方式的传输，容易得到较高的数据传输速率，也容易得到现有计算机网络的支持，但采用 Zigbee 协议的终端更容易在恶劣的环境下完成任务。

智能制造（Intelligent Manufacturing，IM）是 M2M 物联网的重要构成元素。智能工厂是智能制造的基本组成单元，它由产品设计、生产、管理信息系统组成，包括工业互联网、互联互通设备、传感器阵列、分布式控制系统、高速数据通信系统、校验系统和现场信息终端等集成的系统，最终通过网络、云和大数据实现从单个智能工厂小系统外延到全球化智能制造产业链。智能工厂包括六个核心模块：设备互联、计划排程、生产协同、资源优化、质量控制、决策支持。

数字化制造技术（包括产品表达数字化、制造装备数字化、制造工艺数字化、制造系统数字化）是智能制造的基础。采用数字化仿真手段，对制造过程中制造设备、制造系统以及产品性能进行定量描述，使工艺设计从基于经验的试凑到基于科学推理转变。在数字化技术和制造技术融合的背景下，并在虚拟现实、计算机网络、快速原型、数据库和多媒体等支撑技术的支持下，根据用户的需求，通过互联网或物联网迅速收集资源信息，对产品信息、工艺信息和资源信息进行分析、规划和重组，实现对产品设计和功能的仿真以及原型制造，进而快速生产出达到用户要求性能的产品整个制造全过程。

信息物理系统（Cyber-Physical Systems，CPS）是一个综合计算、网络和物理环境的多维复杂系统，通过 3C 技术的有机融合与深度协作，实现大型工程系统的实时感知、动态控制和信息服务。所以，工业信息物理融合系统是智能制造的基础理论和关键支撑。数字仿真、计算机数控技术（CNC）、计算机图形学（CG）、计算机辅助设计（CAD）、计算机辅助制造（CAM）、计算机辅助工程（CAE）、计算机辅助工艺规划或设计（CAPP）以及产品数据管理（PDM）、管理信息系统（MIS）和企业资源计划（ERP）等新技术已经在电子、造船、航空、航天、机械、建筑、汽车等各个领域中开始得到了较广泛的应用，成为最具有生产潜力的工具，展示了光明的前景。

三、物联网的组成和关键技术

（一）物联网的组成

在未来异构的网络环境中，广域网（无线移动通信网络、卫星通信网络、互联网、公众电话网）、局域网（以太网、无线局域网、蓝牙）、个域网（ZigBee、传感器网络）以及车域网、家域网等不同层次的多种网络技术会彼此互补、融合发展，并在微电子技术、嵌入式网络技术、短程通信技术、传感器技术、智能标签技术的支撑下，最终促成"泛在信息社会的实现"。

物联网本质上是一个信号采集和处理的网络。通常由三个部分组成：

（1）感知层：犹如人体的五感，利用任何可以随时随地感知、测量、捕获和传递信息的设备、系统或流程，实现对环境质量、污染源、生态、辐射等环境因素的"更透彻的感知"；通常由传感器、摄像头和射频识别等组成。传感器可以是声、光、压力、震动、速度、重量、密度、硬度、湿度、温度、图像、语音、电波、化学；或者是气体/液体的流速、流量、气压、成分；或是固体的数量、重量、硬度等。

（2）网络层：相当于人的神经系统，用来传输数据，包括各种各样的无线通信技术和标准。低功耗，广域覆盖，更多连接是无线网络的发展方向。

目前，新的通信技术和通信标准都是往这个方向努力。网络层用于两个和多个规定的点间提供语音、文字、音乐、图片、图像等各种信息传输，通常包括核心网和接入网两个子层。核心网指除接入网和用户驻地网之外的网络部分，如电信网、互联网、卫星网、专用网等。利用各种网络，结合移动通信、卫星通信等技术，将个人电子设备、组织和政府信息系统中存储的环境信息进行交互和共享，实现"全面的互联互通"；以云计算、虚拟化和高性能计算等技术手段，整合和分析海量跨地域、跨行业的环境信息，实现海量存储、实时处理、深度挖掘和模型分析，实现"更深入的智能化"。接入网是指骨干网络到用户终端之间的所有设备。接入网主要作用把呼叫请求或数据请求，接续到不同的网络上。涉及呼叫的接续、计费，移动性管理，补充业务实现，智能触发等方面，主体支撑在交换机。接入网的接入方式包括铜线（普通电话线）接入、光纤接入、光纤同轴电缆（有线电视电缆）混合接入、无线接入和以太网接入等几种方式。

（3）应用层：包括应用支撑（犹如人体四肢）和应用服务两个子层。把感知层得到的信息通过嵌入式系统技术进行各种数据处理（包括汇总求和、统计分析、阈值判断、专业计算、数据挖掘），实现智能化识别、定位、跟踪、监控和管理等实际应用。利用云服务模式，建立面向对象的业务应用系统和信息服务门户，为环境质量、污染防治、生态保护、辐射管理等业务提供"更智慧的决策"。

M2M 业务有共同五大组成元素：数字化机器、M2M 硬件、通信网络、中间件、应用。这些元素在 M2M 的业务中可被单独使用，也可多个混合使用。

1. 数字化机器

实现 M2M 的第一步就是从机器 / 设备中获得数据，然后把它们通过网络发送出去。使机器"开口说话"，让机器具备信息感知、信息加工（计算能力）、无线通信能力。

2. M2M 硬件

M2M 硬件是使机器获得远程通信和联网能力的部件。主要进行信息的提取，从各种机器 / 设备那里获取数据，并传送到通信网络。现在的 M2M 硬件共分为五种：嵌入式硬件、可组装硬件、调制解调器、传感器和识别标识。

40

3. 通信网络

将信息传送到目的地。通信网络在整个 M2M 技术框架中处于核心地位，包括：广域网（无线移动通信网络、卫星通信网络、互联网、公众电话网）、局域网（以太网、无线局域网、蓝牙）、个域网（ZigBee）。

4. 中间件

中间件包括两部分：M2M 网关、数据收集 / 集成部件。网关是 M2M 系统中的"翻译员"，它获取来自通信网络的数据，将数据传送给信息处理系统。主要的功能是完成不同通信协议之间的转换。

5. 应用

M2M 应用领域有家庭应用领域、工业应用领域、零售和支付领域、物流运输行业、医疗行业、智能能源、车辆远程信息技术、安保、远程维护和控制等诸多领域，以及发展智能化仪器或机器等。

（二）物联网关键技术

物联网是在互联网和移动通信网等网络通信基础上，针对不同领域的需求，利用具有感知、通信和计算的智能物体自动获取现实世界的信息，将这些对象互联，实现全面感知、可靠传输、智能处理，构建人与物、物与物互联的智能信息服务系统。在物联网整个构架中，存在许多核心技术。例如：全球互联网根服务器、传感器技术、无线网络通信技术、嵌入式系统技术和保护隐私技术等。

1. 全球互联网根服务器

全球互联网根服务器管理权是生死命脉，关联到网络整体，是关键技术中的关键。1980 年，由来自全球各地工程师组成的互联网工程任务小组制定出第四版互联网协议 IPv4 相关标准，定义了传输格式。目前的全球互联网所采用的协议族是 TCP/IP 协议族。IP 是 TCP/IP 协议族中网络层的协议，是 TCP/IP 协议族的核心协议。目前，IP 协议的版本号是 IPv4，它的下一个版本就是 IPv6。所有根服务器均由美国政府授权的互联网域名与号码分配机构统一管理，负责全球互联网域名根服务器、域名体系和 IP 地址等的管理，这 13 台根服务器可以控制网页浏览器或电子邮件程序进而控制互联网通信。在根服务器的控制上，第一层是母根，第二层是主根和服务器，国家的只是第三层。目前，全球有 13 个根服务器，中国没有主根服务器，只有四个镜像，而这四个镜像的管理者、拥有者都不是中国。美国利用先发优势主导的根服务器治理体系控制全球互联网长达 30 年，由美国一手构建起来的 IPv4 体系在全球的 13 台根服务器（这 13 台根域名服务器名字分别为"A"至"M"），其唯一主根部署在美国，其余 12 台辅根有 9 台在美国、2 台在欧洲、1 台在日本。如表 2-2 所示，为 IPv4 的 13 个根服务器管理单位及 IP 地址。中国网络的根服务要通过日本分配，因此中国在联合国论坛上主张网络主权，主要是网络核心资源的分配权和管理控制权，就是域名和 IP 地址。

表 2-2　列出了 IPv4 的 13 个根服务器管理单位及 IP 地址

名　称	管理单位及设置地点	IP 地址
A	INTERNIC. NET（美国弗吉尼亚州）	198.41.0.4
B	美国信息科学研究所（美国加利福尼亚州）	128.9.0.107
C	PSINet 公司（美国弗吉尼亚州）	192.33.4.12
D	马里兰大学（美国马里兰州）	128.8.10.90
E	美国航空航天管理局（美国加利福尼亚州）	192.203.230.10
F	互联网软件联盟（美国加利福尼亚州）	192.5.5.241
G	美国国防部网络信息中心（美国弗吉尼亚州）	192.112.36.4
H	美国陆军研究所（美国马里兰州）	128.63.2.53
I	Autonomica 公司（瑞典斯德哥尔摩）	192.36.148.17
J	VeriSign 公司（美国弗吉尼亚州）	192.58.128.30
K	RIPE NCC（英国伦敦）	193.0.14.129
L	IANA（美国弗吉尼亚州）	198.32.64.12
M	WIDE Project（日本东京）	202.12.27.33

根服务器是国际互联网最重要的战略基础设施，它负责互联网顶级的域名解析，被称为互联网的"中枢神经"。根服务器主要用来管理互联网的主目录，常见国家及地区后缀如表2-3所示。

表2-3 常见国家及地区后缀

通用域名后缀		.com		.net	
中　国	.cn	香港地区	.hk	台湾地区	.tw
美　国	.us	俄罗斯	.ru	英　国	.co.uk
越　南	.vn	新加坡	.sg	伊拉克	.iq
印　度	.in	加拿大	.ca	法　国	.fr
韩　国	.kr	瑞　士	.ch	德　国	.de

由于美国政府对根服务器的管理拥有很大发言权，中国根域名服务器曾经多次被攻击。例如：2013年8月25日，".cn"根域全线故障，造成大量".cn"".com.cn"结尾域名无法访问；2014年1月21日15时20分，中国境内大量互联网用户无法正常访问域名以".com"".net"等结尾的网站。互联网故障源于根服务器遭受攻击。

1980年开始使用IPv4协议的互联网，最大问题是网络地址资源有限，这个数量级不能满足互联网飞速发展的需求。IPv4使用32位地址，则地址空间中只有2^{32}个地址；IPv6使用128位地址，则有2^{128}个地址。IPv6的地址空间大大增加！2014年，美国政府宣布：2015年9月30日后，其商务部下属的国家通信与信息管理局与国际互联网名称与数字地址分配机构将不再续签外包合作协议，这意味着美国将移交对数字地址分配机构的管理权。

基于全新技术架构的全球下一代互联网（IPv6）根服务器测试和运营实验项目——"雪人计划"于2015年6月23日正式发布。"雪人计划"是利用数字地址分配机构管理权变更和向IPv6过渡的机会，从根服务器组数量扩展入手，推动全球互联网管理迈向多边共治，这将是一个良好的开端。"雪人计划"于2016年在美国、日本、印度、俄罗斯、德国、法国等全球16个国家完成25台IPv6根服务器架设。在已完成的25台IPv6根服务器中，中国部

43

署了其中的 4 台，打破了中国过去没有根服务器的困境。IPv6 已经推行了十多年，但由于其安全性、兼容性的问题，一直进展缓慢。

2017 年 8 月 28 日，我们国家研发的主权 IPv9 全球物联网母根服务器正式公布。IPv9 是中国人自己互联网的母根服务器，目前正处于试用阶段。我国拥有的两套 IPv9 根域名服务器的解析能力为 300 万户 / 台，有 50% 的并发率，已可为我国和全球的现有网上计算机用户提供域名解析及互连提供商业服务。IPv9 与 IPv4、IPv6 兼容，只要 ISP 将域名解析指针把我国的根域名服务器指为第一级，用户就可在不改变任何配置的情况下使用数字域名和英文域名，从而达到方便用户、降低成本、便利生活及保障网络安全的优点。未来，IPv9 将会成为中国梦主平台的根基服务器，以满足物联网、人工智能、精准检测、精准治疗、基因工程、大数据、云计算等一系列高端科技工程，涵盖了绝大多数手机应用服务的功能，并创新智能化，将满足人们生活中方方面面的需求。

2. 物联网其他核心关键技术

除根服务器外，其他常见的物联网核心关键技术：

（1）传感器技术

传感器是指能感受规定的被测量，并按照一定的规律转换成可用输出信号的器件或装置。传感器犹如人的五官，是产生和获得信息的最主要手段。传感器是物联网的基础，可以采集大量信息，它是许多装备和信息系统必备的信息摄取手段，若无传感器对最初信息的检测、交替和捕获，所有控制与测试都不能实现。因传感器会受到环境恶劣的考验，所以，对于传感器技术的要求就会更加严格、更加苛刻。目前，物联网中应用比较普遍的传感器有距离传感器、光传感器、温度传感器、烟雾传感器、心律传感器、光电 / 红外探测器、光纤传感器、生物传感器、声探测器、角速度 / 加速度传感器和多功能一体化探测器等。

多种微传感器（例如温度、压力、频率、振动、加速度、角速度、位置、气体、烟雾、流量、电磁、声、热、红外、陀螺、放射性等）的微型化、新型传感器材料和微机电传感器技术的研究、恶劣环境下可操作传感器技术的研究、自适应传感器节点嵌入式操作系统的研究以及在自组织无线传感器网络中如何提高定位精度和实现时间同步等，协助将计算、通信和传感器三项技术结合，将来自多传感器和信息源的数据和信息加以联合、相关和组合，以获得精确的位置和身份估计，以及对战场情况和威胁的重要程度进行适时的完整评价。由微机械电子技术和CMOS工艺加工的多种微传感器复合微处理芯片、EEPROM、串口和蓝牙技术组成以完成传感和简单的计算、通信功能的智能模块或器件，是物联网许多应用（例如军事、环保、医疗等）中需要重点解决的关键技术。

（2）无线网络通信技术

无线网络通信技术包括短距离无线通信（ZigBee、WiFi、蓝牙等）低功耗无线网络、无线传感器网络、无线定位系统、远程网络、卫星天基互联网、多网络融合等很多重要技术。

（3）嵌入式系统技术

嵌入式系统技术是综合了计算机软硬件、传感器技术、集成电路技术、电子应用技术为一体的复杂技术。物联网中的终端除了具有自己的功能外还有传感器和网络接入功能，且不同的行业千差万别，如何满足终端产品的多样化需求，对研究者和运营商都是一个巨大挑战。经过几十年的演变，以嵌入式系统为特征的智能终端产品随处可见，小到人们身边的MP3播放器，大到航天航空的卫星系统。嵌入式系统正在改变着人们的生活，推动着工业生产以及国防工业的发展。如果把物联网用人体做一个简单比喻，传感器相当于人的眼睛、鼻子、皮肤等感官，网络就是神经系统用来传递信息，嵌入式系统则是人的大脑，在接收到信息后要进行分类和处理。这个例子很形象地描述了嵌入式系统在物联网中的位置与作用。

（4）低功耗、高性能芯片技术

大规模连接的物联网芯片需要更低功耗和更高性能。近年具备高安全性能的窄带物联网（NB-IoT）芯片受到青睐。窄带物联网智能锁是将传统智能锁终端接入窄带物联网终端网络，相对传统智能锁具有深度覆盖、大量连接、数据传输速度快、超低功耗、更加安全、更加稳定等优势，实现电子锁电脑远程开锁、手机蓝牙开锁、手机开锁、门锁状态监测的智能管理。2018年，窄带物联网智能门锁已成为抢夺世界物联网至高点的利器。窄带物联网芯片可以应用于智能停车，安装在停车场的窄带物联网芯片可监测车辆，并连接到云端。通过云端，中心管理人员就可知道停车场停了多少辆车，车位有没有满。窄带物联网芯片也可用于智慧家庭，所有的家庭设备都会安全地连接到云端，并通过云端实现管理。

（5）保护隐私技术

在由无线传感网组成的物联网中，由于传感器数据采集频繁，基本可以说是随时在采集数据，数据往往要经过远距离输送，接入终端花样繁多，所以，数据安全必须重点考虑。

在物理层，由于受到传感器节点的限制，其有限的计算能力和存储空间使基于公钥的密码体制难以应用于无线传感器网络中。为了节省传感器网络的能量开销和提供整体性能，须尽量采用轻量级的对称加密算法。高效的公钥算法是无线传感器网络安全亟待解决的问题。

在数据链路层，在 MAC 协议中，节点通过监测邻居节点是否发送数据来确定自身是否能访问通信通道，这种载波监听方式特别容易遭到恶意节点有计划地重复占用信道而造成信道阻塞的拒绝服务攻击。若采用时分多路（TDMA）复用算法，对 MAC 准入控制进行限速，网络自动忽略过多的请求，从而不必对于每个请求都应答，似乎可解决上述问题。但是采用时分多路算法的 MAC 协议通常系统开销比较大，不利于传感器节点节省能量。所以目前还没有有效的方法能够防范这种利用载波冲突的 DoS 攻击。

在网络层，在无线传感器网络中，大量的传感器节点密集地分布在一个区域里，通常消息需要经过若干个节点才能到达目的地。由于每个节点都是潜在的路由节点，因此更易于受到攻击。对网络层的主要攻击有如下几种：虚假路由信息、选择性转发、吸引周围的节点选择它作为路由路径的沉洞攻击、单个节点以多个身份出现在网络中的其他节点面前的女巫攻击、两个恶意节点相互串通并合谋进行攻击的虫洞攻击、会认为距离较远恶意节点是它们的邻居而选择它作为路由路径的 "HELLO flood 攻击"。

在传输层，由于无线传感器网络节点的限制，节点无法保存维持端到端连接的大量信息，而且节点发送应答消息会消耗大量的能量，因此，目前还没有关于传感器节点上的传输层协议的研究。传输层协议一般采用传统网络协议。

在应用层，无线传感器网络存在诸多限制，比如节点能力限制，使其只能使用对称密钥和散列技术；电源能力限制使其在无限传感器网络中必须尽量减少通信；传感器网络还必须考虑汇聚等减少数据冗余的问题。应用层研究主要集中在为整个无线传感器网络提供安全支持的研究，也就是密钥管理和安全组播的研究，目前，无线传感器网络中密钥管理和安全组播的研究才刚刚开始，还尚未找到能够满足资源限制，具有良好伸缩性的密钥管理协议和安全组播机制。

英国纽卡斯尔大学研究员查理斯·佩雷拉在《物联网隐私指南：备忘录兼科技报告》中描述了尊重隐私的情况。物联网开发人员可以通过数据采集、数据源数量最小化、数据存储、数据保留时间最小化、数据匿名、数据通信加密、隐藏数据路径、数据存储加密、分散数据存储等来保护物联网的隐私。

第三章　物联网应用领域

"物联网"被称为继计算机、互联网之后，世界信息产业的第三次浪潮。

物联网的范围很广，将实现六个方面的应用能力：一是智能终端通信，提供高清语音服务、移动电话、微信、电子邮件服务等即时通信服务；二是实现远程教育、远程医疗、远程监控等服务保障；三是服务于低能耗微型化物联网终端，利用智能传感器模块/智能尘进行环境监测、远洋物流、危化品监控、交通管理、智慧海洋等新型产业需求；四是热点信息推送，实现文化宣传、灾害预警、公共安全警告、天气播报、新闻播发、交通广播等热点焦点信息的实时播发推送；五是为机载、车载定位终端提供更加精准可靠的位置服务，满足无人汽车驾驶、无人机管控/群控、精准农业、工程机械市场的发展需求；六是航空航海监视，实现全球飞机、船舶的全周期跟踪、提供统计数据增值服务，实现安全可靠的全球交通运输能力。它能够涉及国民经济、军事和科技领域的各个角落。

这六个方面的应用能力大体可供给如表 3-1 所示的九个层面的需求。

表 3-1　物联网应用的九大需求层面

领　　域	应用方向
智能工业	生产过程控制、生产环境监测、制造供应链跟踪、产品全生命周期监测，促进安全生产和节能减排

领　　域	应 用 方 向
智能农业	农业资源利用、农业生产精细化管理、生产养殖环境监控、农产品质量安全管理与产品溯源
智能物流	建设库存监控、配送管理、安全追溯等现代流通应用系统，建设跨区域、行业、部门的物流公共服务平台，实现电子商务与物流配送一体化管理
智能交通	交通状态感知与交换、交通诱导与智能化管控、车辆定位与调度、车辆远程监测与服务、车路协同控制，建设开放的综合智能交通平台
智能电网	电力设施监测、智能变电站、配网自动化、智能用电、智能调度、远程抄表，建设安全、稳定、可靠的智能电力网络
智能环保	污染源监控、水质监测、空气监测、生态监测，建立智能环保信息采集网络和信息平台
智能安防	社会治安监控、危化品运输监控、食品安全监控，重要桥梁、建筑、轨道交通、水利设施、市政管网等基础设施安全监测、预警和应急联动
智能医疗	药品流通和医院管理，以人体生理和医学参数采集及分析为切入点面向家庭和社区开展远程医疗服务
智能家居	家庭网络、家庭安防、家电智能控制、能源智能计量、节能低碳、远程教育等

资料来源：前瞻产业研究院整理。

一、中国十大物联网应用重点领域

在九个层面的应用需求基础上，我国的"十二五"规划锁定十大物联网应用重点领域：智能电网、智能交通、智能物流、智能家居、环境与安全检测、工业与自动化控制、医疗健康、精细农牧业、金融与服务业、国防军事。

（一）智能电网

研究报告指出，世界上大概有 40%—70% 的电能损失是由不够"智慧"的电网系统所造成的。为此，美国、丹麦、澳大利亚以及意大利的公共事业公司都纷纷建设新型数字式电网，以便对能源系统进行实时监测。这项措施不仅可以更迅速地修复供电故障，而且有助于他们更"智慧"地获取和分配电力。另外还有可能促成传统能源和新能源的合并，提供对所有能源形式的端到端洞察力。在印度，IBM 推出"电力网格监控计划"，由 IBM 智慧公共事业部门主导。IBM 发现，印度一座电厂的电力产能竟有 47% 在管线接合处流失，这是源自消费者和企业私自接取电力传输线的后果。IBM 在发电厂装设感应器后，电力损失已缩小至 21%。智能电网是建立在集成的、高速双向通信网络的基础上，通过先进的传感和测量技术、先进的设备技术、先进的控制方法以及先进的决策支持系统技术的应用，实现电网的可靠、安全、经济、高效、环境友好和使用安全的目标。

　　我国的智能电网，以特高压为核心，以清洁、高效、分布式为发展方向，将在 2020 年建成坚强智能电网。届时，中国每年可减少煤炭消耗 4.7 亿吨标准煤，减排二氧化碳 13.8 亿吨。2018 年 8 月 21 日，淮南—南京—上海 1 000 千伏特高压交流输变电工程苏通 GIL 综合管廊隧道工程全面贯通。作为目前全世界电压等级最高、输送容量最大、技术水平最高的超长距离 GIL 创新工程，它填补了世界特高压过江隧道空白。该工程是华东特高压交流环网合环运行的咽喉要道和控制性工程。工程起于北岸南通引接站，止于南岸苏州引接站，隧道长 5 468.5 米，盾构直径 12.07 米，是穿越长江大直径、长距离的过江隧道之一。工程管廊上层敷设两回 1 000 千伏 GIL，下层预留两回 500 千伏电缆以及通信、有线电视等市政通用管线，核准动态总投资约 47.63 亿元。智能电网是用人工智能方法综合各种发电、输电、配电和用电户于统一的电网中，包括各种大小火电、核电、水电、风电、太阳能电、分布式光伏、储能和用电户（见图 3-1）。2018 年 9 月 7 日，国家能源局下发《关于加快推进一批输变电重点工程规划建设工作的通知》，要在今明两年核准开工九项重点输变电工程，合计输电能力 5 700 万千瓦，涉及 5 条特高压交流、5 条特高压直流和 2 条超高压线路。

　　柔性直流输电技术是一种以绝缘栅双极型晶体管 IGBT（Insulated Gate Bipolar Transistor）的可自关断器件和脉宽调制技术为基础的新型输电技术，是新一代高压直流输电技术。综观直流输电技术发展路径（见图 3-2），相比于特高压直流输电，柔性直流输电在具有常规直流几乎全部优点的同时，还具有功率潮流反转快、故障后恢复快、可黑启动、不存在换相失败问题等诸多优点，规避了大谐波、需要无功支持以及需要站间通信等问题的存在。柔性直流输电可解决当前大电网面临的诸多问题，如孤岛供电、城市配电网的增容改造、异步交流系统互联、大规模新能源发电并网等，对传统交流电网具有重要的互补性价值（见表 3-2）。随着我国电力工业的发展升级，各类特殊情形下的输电需求将急剧上升，传统的不断提高电压等级的交流互联方式

50

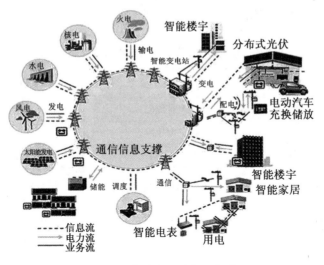

图 3-1　智能电网结构示意图

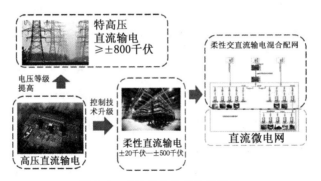

图 3-2　直流输电技术发展路径

已经逼近极限，电网的升级成为必然趋势。因此，柔性直流输电工程的综合性优势凸显，商业价值也将爆发。

我国柔性直流输电技术发展正在追赶世界水平。国家电网公司与国内诸多科研机构合作，实现了技术的全面国产化。2011 年 7 月投运的上海南汇风电场柔性直流输电工程，是亚洲首个具有自主知识产权的柔性直流工程。我国目前有包括浙江舟山 ±200 千伏五端柔性直流科技示范工程、福建厦门 ±320 千伏柔性直流输电科技示范工程、渝鄂柔性直流背靠背联网工程等柔性直流输电工程。近十年直流工程容量中国柔性直流输电占比 71%。据初步估算，国产柔性直流输电设备的造价不足国外企业的 50%，以国际上每百兆瓦为 3 亿—5 亿元的价格计算，一个 1 000 百兆瓦的项目设备成本可节约近 40 亿元。

表 3-2　柔性直流输电与特高压输直流电性能对比

	柔性直流	特高压直流输电
电流形式	直流电	直流电
电源形式	电压源	电流源
换流阀器件	IGBT	晶闸管
滤波需求	小型滤波器（谐波较小）	滤波器＋并联电容器（谐波较大）
站间通信	不需要	需要
无功情况	可发出无功补偿	需要无功补偿（输送容量的40%—60% 左右）
功率潮流	有功、无功功率分别控制	只可控制有功功率
交流并网	可支持无源交流系统	需要交流系统支持换组
换相问题	无换相失败	有换相失败
损耗	较大	较小
最大电压	±500 千伏	±800 千伏

　　电网智能化包括智能化变电站、发电、智能输电、智能配电网、智能用电和智能调度共六个方面。电网结构包括可以优先使用清洁能源的智能调度系统、可以动态定价的智能计量系统以及通过调整发电、用电设备功率优化负荷平衡的智能技术系统。2011 年，我国智能电网进入全面建设阶段，用于我国解决资源与能源需求分布不平衡的基本国情，在全国范围内实行能源资源优化配置。目前世界电压等级最高、输送容量最大、输送距离最远、技术水平最先进的新疆准东至皖南 ±1 100 千伏特高压输电工程，即"西电东送"的典型例证。随着这一工程一路攻坚克难并建成投运，中国的特高压输电技术再度引起广泛关注。

　　在能源和电力需求增长的驱动下，世界能源从化石能源到清洁能源，从区域分布式能源到全球能源互联网，进入以坚强智能电网为标志的新阶段。世界电网呈现出电压等级由低到高、联网规模从小到大、自动化水平由弱到强的发展规律。当前到 2050 年的全球能源互联网发展路线共分三个阶段：

第一阶段为洲内互联。在 2020 年前，应推动形成共识，各大洲加快开发清洁能源，实现输送和消纳主要通过各大洲的互联电网。

第二阶段为跨洲互联。大规模开发北极地区风电、赤道地区太阳能等全球重点清洁能源基地的大规模开发。跨洲间的多类型电力互济效益更加显著，使全球能源互联网初具规模。

第三阶段为全球互联。全面开发全球太阳能、风能等清洁能源基地，以清洁能源发电替代化石能源，并占据绝对比重。由此，化石能源开发、输送和消费规模急剧下降。

（二）智能交通

智能交通系统是将先进的信息技术、数据通信传输技术、电子传感技术、控制技术及计算机技术等有效地集成运用于整个地面交通管理系统而建立的一种在大范围内、全方位发挥作用的实时、准确、高效的综合交通运输管理系统。作为新一轮 IT 技术革命，它包含智能公交、电子警察、交通信号控制、卡口、交通视频监控、出租车信息服务管理、城市客运枢纽信息化、GPS 与警用系统、交通信息采集与发布和交通指挥类平台等十个细分行业。

拥挤的道路每年使美国损失价值 780 亿美元的燃油以及大量的时间。仅在洛杉矶市一个小商业区内，光是轿车用在寻找停车位的车程加起来就相当于 38 次环球旅行的路程，同时更消耗 47 000 加仑汽油（约 177 914 升）并排放 730 吨二氧化碳。相比之下，2007 年，IBM 在斯德哥尔摩和当地政府合作，推出道路拥挤定价系统，新智能收费系统不但使交通量和排放物分别减少了 18% 和 14%—18%，而且使每天搭乘公交系统的人数增加了 60 000 人。2009 年，世界智能交通系统大会在瑞典斯德哥尔摩举行，这不仅因为它是世界上最美丽的城市之一，更因为它在 2007 年开始在其内城试行解决道路堵塞和有关（如环境污染和二氧化碳排放）问题的示范系统。一年后，斯德哥尔摩居民压倒性支持全面采用该系统。

车联网是利用装载在车辆上的电子标签，通过无线射频等识别技术，实现在信息网络平台上对车辆的静态和动态信息进行提取利用，并根据不同的功能需求对所有车辆的运行状态提供综合服务的系统。通过无线通信和信息交换的大系统网络，实现智能化交通管理、智能动态信息服务和车辆智能化控制的一体化网络，是物联网技术在交通系统领域的重要应用。

在汽车工业中，一个典型的 M2M 解决方案是为汽车租赁商开发的安全系统。如果车辆装备无线通信模块并接入 GPS，那么一旦它出现在异常的位置或地点就会自动向安保系统或公司的安全部报警；安保系统或安全部接到报警就可以发送数字信号，远程关闭汽车引擎。除了安全保障，这个系统还可以提供以下服务：实时后勤管理、汽车导航、引擎状态监测等。

车联网系统是指通过在车辆仪表台安装车载终端设备，实现对车辆所有工作情况和静态、动态信息的采集、存储并发送。系统分为三大部分：车载终端、云计算处理平台、数据分析平台，根据不同行业对车辆的不同功能需求实现对车辆的有效监控管理。车辆的运行往往涉及多项开关量、传感器模拟量、CAN 信号数据等等，驾驶员在操作车辆运行过程中，产生的车辆数据不断回传到后台数据库，形成海量数据，由云计算平台实现对海量数据的"过滤清洗"，数据分析平台对数据进行报表式处理，供管理人员查看。如果在汽车和汽车钥匙上都植入微型感应器，酒后驾车现象就可能被杜绝。当喝了酒的司机掏出汽车钥匙时，钥匙能通过气味感应器察觉到酒气，并通过无线信号通知汽车"不要发动"，汽车会自动罢工，并能够"命令"司机的手机给其亲友发短信，通知他们司机的所在位置，请亲友们来处理。目前，这样的智能车联网项目已经覆盖了无锡市主城区、新城区主要道路 200 余个信号灯控路口。据报道，通过推广智能车联网，可减少交通事故 96%。

中国实现汽车自动驾驶，共分为四步走，至 2025 年或需更长时间，才可实现高度自动或完全自动驾驶。

第一步：2016—2017 年，实现驾驶辅助功能（DA），包括自适应巡航、自动紧急辅助、车道保持、辅助泊车；

第二步：2018—2019 年，实现部分自动驾驶（PA），包括车道内自动驾驶、换道辅助、全自动泊车；

第三步：2020—2022 年，实现有条件自动驾驶（CA），包括高速公路自动驾驶、城郊公路自动驾驶、协同式队列行驶、交叉口通行辅助；

第四步：2025 年乃至更长时间，实现高度及完全自动驾驶（HA/FA），包括车路协同控制、市区自动驾驶和无人驾驶。

国际市场研调机构 IC Insights 于 2018 年发布的报告指出，当年物联网市场总产值将达 939 亿美元，其中增长幅度最高为车联网市场。据赛迪顾问预测，预计到 2020 年，中国智能网络汽车渗透率将达到 25%，市场规模将达到 565 亿元，5 年累计市场规模将达到 1 097 亿元。目前，我国车联网与智能交通行业处于初级阶段，车车通信与车路协同是未来发展方向。

"车联网（LTE-V2X）城市级示范应用重大项目"是工信部、公安部、江苏省政府"两部一省"共建智能交通综合测试基地重大项目。该项目由公安部交科所、中国移动、华为、无锡交警支队牵头发起，目前已吸引奥迪、福特、一汽、东风、长安、上汽等全球十余家车企加入。车联网项目规划实施时间从 2017 年至 2020 年底，分三期实现无锡智能网联车的规模应用。上汽做推手，在无锡打造车联网小镇联手公安部交科所于 2018 年底建成全球首个车联网城市。据不完全统计，2017 年智能网联汽车领域共完成融资额超过 400 亿元。这背后，是车联网领域巨大的市场前景。

（三）智能物流

智能物流是利用集成智能化技术，使物流系统能模仿人的智能，具有思维、感知、学习、推理判断和自行解决物流中某些问题的能力。许多企业已成立相应的大数据分析部门或团队，进行大数据分析、研究、应用布局，各企业未来将进一步加强对物流及商流数据的收集、分析与业务应用。大数据技术主要有以下四个物流应用场景：

①需求预测：通过收集用户消费特征、商家历史销售等大数据，利用算法提前预测需求，前置仓储与运输环节。

②设备维护预测：通过物联网的应用，在设备上安装芯片，可实时监控设备运行数据，并通过大数据分析做到预先维护，增加设备使用寿命，还可通过数据分析进行提前保养。

③供应链风险预测：通过对异常数据的收集，进行如贸易风险，不可抗因素造成的货物损坏等进行预测。

④网络及路由规划：利用历史数据、时效、覆盖范围等构建分析模型，对仓储、运输、配送网络进行优化布局，如通过对消费者数据的分析而提前在离消费者最近的仓库进行备货。甚至可实现实时路由优化，指导车辆采用

最佳路由线路进行跨城运输与同城配送。

通过智能物流，超市里销售的禽肉蛋奶，在包装上嵌入微型感应器，顾客只须用手机扫描，就能了解食品的产地和转运、加工的时间地点，甚至还能显示加工环境的照片，是否绿色安全，一目了然。

人工智能技术主要有以下五个物流应用场景：

①智能运营规则管理：未来将会通过机器学习，使运营规则引擎具备自学习、自适应的能力，能够在感知业务条件后进行自主决策。

②仓库选址：人工智能技术能够根据现实环境的种种约束条件，如顾客、供应商和生产商的地理位置、运输经济性、劳动力可获得性、建筑成本、税收制度等，进行充分的优化与学习，从而给出接近最优解决方案的选址模式。

③决策辅助：利用机器学习等技术来自动识别场院内外的人、物、设备、车的状态，学习优秀的管理和操作人员的指挥调度经验和决策等，逐步实现辅助决策和自动决策。

④图像识别：利用计算机图像识别、地址库、合卷积神经网提升手写运单机器有效识别率和准确率，大幅度地减少人工输单的工作量和差错可能。

⑤智能调度：通过对商品数量、体积等基础数据分析，对各环节如包装、运输车辆等进行智能调度，如通过测算百万 SKU 商品的体积数据和包装箱尺寸，利用深度学习算法技术，由系统智能地计算并推荐耗材和打包排序，从而合理安排箱型和商品摆放方案。

自动化智能仓储系统及智能配送机器人都是智能物流应用的优秀范例。

自动化智能仓储系统采用立体货架和堆垛机等设备，使堆垛机在立体货架之间的巷道沿水平和竖直方向行走，根据计算机的指令将以托盘承载的货物通过电机驱动的货叉存入指定的货位，或从指定货位将货物取出。

智能配送机器人可随着调度平台发出命令而自动发出。配送机器人可以识别、躲避障碍物，辨别红绿灯，还能自动驾驶、规划线路、主动换道、车位识别、自主泊车……配送机器人快到目的地时，后台系统将取货信息发送给用户。消费者可自由选择人脸识别、输入取货验证码、点击手机 App 链接等三种方式取货，十分方便。

（四）智能家居

智能家居是以住宅为平台，利用综合布线技术、网络通信技术、安全防范技术、自动控制技术、音视频技术将家居生活有关的设施集成，构建高效的住宅设施与家庭日程事务的管理系统，提升家居安全性、便利性、舒适性、艺术性，并实现环保节能的居住环境。通过物联网技术，将家中的各种设备（如音视频设备、照明系统、窗帘控制、空调控制、安防系统、数字影院系统、影音服务器、影柜系统、网络家电等）连接到一起，提供家电控制、照明控制、电话远程控制、室内外遥控、防盗报警、环境监测、暖通控制、红外转发以及可编程定时控制等多种功能和手段。智能家居不仅具有传统的居住功能，兼备建筑、网络通信、信息家电、设备自动化，提供全方位的信息交互功能，甚至为各种能源费用节约资金。

智能家居要求复合分布式有线和无线传感器、执行器网络以传感和控制室内环境，并要求与其他网络器件相容、可接收互联网信息。具体要求为建立固定和移动传感器网络平台和计算平台，联网的室内设施包括计算机、打印机、传真机、有线掌上电脑、无线掌上电脑、数码照相机、移动探测器和室内娱乐设施等。网络包含的典型传感器包括声学传感器、视频传感器、光学传感器、热传感器、移动传感器、压力传感器和红外传感器等，传感器数据通过无线网络进入计算机、各种手持器件和网络设施，整个系统通过家庭网关接入万维网。

智能别墅的私人订制智能家居设计方案涵盖了智能照明系统、电动窗帘系统、背景音乐系统、暖通控制系统、智能家电控制系统、安防报警系统、智能门锁系统、视频监控系统、环境感知系统、智能园林等，并最终利用先进的计算机技术、网络通信及现代控制技术作为核心，把建筑内的所有系统和设备有机地整合为一体，进行远程控制或定时控制和管理，从而创造出舒适、便捷、安全、节能的居住环境。

智能家居的前提则是智能建造，又称智慧建筑，是将计算机技术、通信技术、控制技术、生物识别技术、多媒体技术和现代建筑艺术有机结合，通过对建筑内设备、环境和使用者信息的采集、监测、管理和控制，实现建筑环境的组合优化，从而为使用者提供满足建筑物设计功能需求和现代信息技术应用需求，并且具有安全、经济、高效、舒适、便利和灵活特点的现代化建筑或建筑群。

按照 M2M 概念的理念，使用无线 M2M 技术，家庭中的灯光控制系统、安防控制系统、家居环境监控系统（温度、湿度、空气质量等）、家庭气象站可以连成一个统一的无线控制 / 监视网络，从而使家居真正实现智能化、自动化。M2M 概念的引入将加速智能家居无线化发展。当前，人类已在无线射频技术、灯光控制、感应控制、无线音频控制网络等无线控制技术方面取得了巨大进展。另外，无线宽带接入技术、无线局域网技术和 ZigBee 技术等全新的技术理念逐渐融入生活，无线控制系统作为有线系统的延伸，让家居设计更加灵活、更具弹性。应用数字化、自动化、智能化技术是将传统住宅改造成为"智能家居"重要的科技手段和主要的发展方向。目前，无线智能家居通常采用的控制方式包括：无线局域网的 IEEE802.11a 和 IEEE802.11b，蓝牙的 IEEE802.15、ZigBee 技术，红外的 IrDA 技术，家庭射频技术的 HomeRF。具体来说，家居与外界的连接采用宽带无线接入技术，可使用蓝牙等技术连接台式机或笔记本电脑等设备，达到信息的实时共享和传输；使用 ZigBee 技术连接家用设备，包括电视、录像机、玩具、游戏机、门禁系统、窗户、窗帘、照明设备、空调系统和其他家用电器等；同时，可采用基于 ZigBee 技术的遥控器，使得家庭的联网设备可以通过无线方式连接到主人的掌上电脑及移动手机终端。现在，从技术理论上来分析，实现无线智能家居控制系统已经完全成为可能。

（五）环境与安全检测

随着人类活动，特别是化石燃料（煤炭、石油等）消耗的不断增长和森林植被的大量破坏、二氧化碳等温室气体不断增长，大气中二氧化碳含量逐渐上升，发生"温室效应"。于是在 20 世纪 90 年代，各方开始提出环境监控和环境智能。这种业务主要应用于和环境相关的领域，商业企业和政府部门都可以借助物联网技术，把感应器和装备嵌入到各种环境监控目标物中。通过无线 M2M 应用收集大范围的环境测量数据，如温度、湿度以及污染程度等，环境保护部门再通过分布在各处的 M2M 设备来测量和记录实时的温度、可吸入颗粒物等关键气象指标，最后通过超级计算机和云计算将环保领域物联网整合起来，及时向公众通报并通过记录的数据分析背后的原因。借助物联网技术，可以实现人类社会与环境业务系统的整合，以更加精细和动态的方式实现环境管理和决策的智慧。

利用无线传感器和网络可用于各种形式的环境监控，监控内容可包括温度、湿度、光强、烟雾、压力、噪声、目标运动、图像、汗液、液位、重量/质量、辐射、气味和持续时间等。例如：仓库、办公大楼、智能化住宅、桥梁、水坝等环境和状态监测；跟踪鸟类、小型动物和昆虫的运动；监控农作物和家畜的生长环境；化学/生态学探测；精细农业；海洋、土壤和大气中环境监控；沙漠监控；森林火灾和洪水灾害探测；环境生态图测绘；气象和地球物理的研究；污染研究（如核废料储存研究等）。

我国南水北调中线工程南阳段视频监控及广播系统约100余套已安装完毕。在陕西省安康市紫阳县水利局监控室内，通过数个不断滚动的屏幕，可监视紫阳县沿汉江乡镇的江面情况。该视频系统分为两个部分，一部分监控系统设在紫阳县水利局。水利局监控的系统将沿江六个集镇的75公里江岸，加装高清红外摄像机40台，其中11台主要用于排污口监控，23台用于大水面监控，6台用于水库监控。工作人员表示："该系统实施24小时不间断监测，安装的存储设备可存储30天，便于随时调取记录，为执法取证提供依据。"

2009年，无锡市首度运用物联网新技术在太湖建立三位一体太湖水质监测体系，大范围布放传感器，通过无线传输方式24小时在线监测太湖水的各项变化。截至2009年年底，五里湖、梅梁湖、贡湖和宜兴沿岸等水域已相继投放设立了86个固定式、浮标式水质自动监测站，覆盖饮用水水源地、主要出入湖河道、太湖湖体和重点监控水域，总投资达1.8亿元。这些水质自动监测站新增了叶绿素、蓝绿藻和总酚监测项目，每四小时一份报告，如有需要，可以两小时出一份监测报告。可见，物联网在环保监测方面的应用包括无人机、无人船协同作业，可实现河道和湖泊全天时、全天候实时监测，为守护绿水青山保驾护航。水利部办公厅印发的《河长制湖长制管理信息系统建设指导意见》为我国全面推广河长制、湖长制并实现河道和湖泊全天时、全天候实时监测，提供了组织保证。

中国将建国家海底科学观测网，总投资超20亿元。国家海底科学观测网是国家重大科技基础设施建设项目，将在我国东海和南海分别建立海底观测系统，实现中国东海和南海从海底向海面的全天候、实时和高分辨率的多界面立体综合观测，为深入认识东海和南海海洋环境提供长期连续观测数据和原位科学实验平台。在上海临港建设的监测与数据中心，对整个海底科学观测网进行监控，实现对东海和南海获取的数据进行存储和管理，从而推动我国地球系统科学和全球气候变化的科学前沿研究，并服务于海洋环境监测、灾害预警、国防安全与国家权益等多方面的综合需求。

智能安防项目涵盖众多域界，有街道社区、楼宇建筑、银行邮局、道路监控、机动车辆、警务人员、移动物体、船只等。特别是针对重要场所，如机场、码头、水电气厂、桥梁大坝、河道、地铁等场所，引入物联网技术后可以通过无线移动、跟踪定位等手段建立全方位的立体防护，兼顾了整体城市管理系统、环保监测系统、交通管理系统、应急指挥系统等应用的综合体系，例如广泛应用于街头巷尾的治安监控、应用于大面积生产区域的安防监视以及应用于家庭防盗的安保监视等。病人实时监控是通过为老年人安装一个行动感应器或者为心脏病人安装一个心跳监控或者血压监控感应器，使感应器实时收集相关数据，一旦发现异常情况，会及时通过无线网络发出警告，以便诊断病情和及时发现病情的关键状态。在上海世博会期间，超过 7 000 万张世博会门票都采用了射频识别芯片，300 万张世博会手机门票则融合了射频识别和用户身份识别卡技术；园区食品也采用了射频识别技术以达到食品从田间到运输等多道程序的电子化监管及溯源功能，园区周边快速公交系统等都采用了以射频识别技术为核心的物联网技术。

车联网的兴起，在公共交通管理上、车辆事故处理上、车辆偷盗防范上，可以更加快捷准确地跟踪定位处理，还可以随时随地通过车辆获取更加精准的灾难事故信息、道路流量信息、车辆位置信息、公共设施安全信息、气象信息等等信息来源。一个完整的智能化安防系统主要包括门禁、报警和监控三大部分，还包括众多子系统，如防盗报警系统、视频监控报警系统、出入口控制报警系统、保安人员巡更报警系统、GPS 车辆报警管理系统和 110 报警联网传输系统等。GPS 车辆监控系统是由全球卫星定位系统（GPS）、无线数据通（GPRS/CDMA/SMS）、计算机管理系统、地理信息系统（GIS）、互联网技术和移动监控所构成的物理平台。

除了商品自动扫描射频识别外，身份识别至关重要。目前存在多种生物识别技术：指纹识别、人脸识别、虹膜识别、脸部识别等。用脸来解锁手机是当前世界上高端手机竞相争夺的领域，一台设备配备多种生物识别技术的方案应运而生，除了面部识别之外，指纹与虹膜识别也被应用于手机。使用前置摄像头，手机可以抓取用户面部照片，然后人脸识别软件就会对它进行处理，以建立一组基于图像的数据。当用户拿着手机贴近脸去解锁手机时，识别系统会收集、处理和比较存储的数据。如果软件能匹配这两种软件，就会将一个令牌传递给系统，这样手机就会解锁。虹膜识别利用的是人的每只眼睛都有不同的虹膜图案结构的特性，即使是同一个人的右眼和左眼都有很大的不同。虹膜识别使用一个发出近红外光二极管来照亮用户的眼睛和一个特殊摄像头来收集和处理用户眼睛的数据。设备分析了这张图片后，会在用户手机上建立了一组清晰的数据。所有的数据处理、分析和存储都是在本地完成的，而且是经过加密的，因此只有识别用户本人的虹膜才有机会访问它。这些数据被用来创建一个令牌，如果虹膜扫描的过程提供了正确的标记——安全检查通过——就是检测用户注册的虹膜信息，接下来任何需要身份的软件就都可以继续进行操作。

目前，虹膜识别仍被公认为是识别精度最高的生物识别系统。指纹识别的错误率是 1:100 000；面部识别的错误率更高，为 1:10 000；声纹识别的错误率还要高。虹膜的错误率则是 1:100 000 000，比指纹安全上千倍。

总体上说，声纹识别的错误率最高，面部识别的错误率次之，指纹识别错误率较低，虹膜识别错误率最低，但操作步骤比较繁复。把面部识别和虹膜识别相结合的人脸识别具有更高的精度。目前，人们仍乐于使用快捷的指纹传感器识别和人像识别等快捷识别方法。

（六）工业与自动化控制

制造业是现代经济的基础，是国民经济的"脊椎"。实现工业 4.0，智能制造是关键。伴随新一代信息技术的突破和扩散，制造业重新成为全球竞争的制高点。柔性制造、网络制造、绿色制造、智能制造等日益成为生产方式变革的重要方向。智能制造技术是在现代传感技术、网络技术、自动化技术以及人工智能的基础上，通过感知、人机交互、决策、执行和反馈，实现产品设计过程、制造过程和企业管理及服务的智能化，是信息技术与制造技术的深度融合与集成。智能制造可分为三个阶段：数字化阶段、数字化网络化阶段、数字化网络化智能化阶段。近年，各国纷纷出台中长期发展战略，如美国的"先进制造业伙伴计划"、英国的"英国制造 2050"、欧盟的"欧洲工业数字化战略"、韩国的"制造业创新 3.0"和中国的"中国制造 2025"。发展物联网和智能制造已成为推动中国制造业由大变强的根本途径和必由之路。

数字化制造技术是智能制造的基础，信息化是智能制造的关键，工业软件是信息化的核心。整个人工智能在智能制造方面的发展要经历两个阶段：第一步要实现工厂智能，要设计、制造、服务，通过远程运维贯穿起来，涉及的不光是物联网、云计算、大数据，还需要 3D 打印、工业机器人、相关软件和这两个核心技术的牵引支撑才能推动。第二步是物联网和人工智能的迭代，可以在设备管理、质量检测、性能控制，包括机器人测控和管理方面大有作为。当前，我国制造业中许多行业的产量已经稳居"世界第一"，但许多核心、关键技术仍掌握在外国人手中。我国在推进智能制造建设方面，还存在诸多薄弱环节、问题与误区。国产工业软件全产业链缺失，工业大数据采集和挖掘服务不健全，智能制造标准体系不健全，使国内产业智能制造生态圈尚未形成。

物联网智能制造体系是以智能工厂为载体，以全面深度互联为基础，以端到端信息数据流为核心驱动，以物联网驱动的新产品新业态为特征的在设计、供应、制造和服务各环节实现智能工业生态系统。物联网发展经历三个阶段：短距离网关接入、广域直联进入、人工智能和物联网迭代和融合，形成智联网和智能端。智能制造九大支持包括虚拟现实、人工智能、3D 打印、工业机器人、工业网络安全、知识工作自动化、工业物联网、云计算和工业大数据。

数字化制造技术（包括产品表达数字化、制造装备数字化、制造工艺数字化、制造系统数字化）是智能制造的基础。采用数字化仿真手段，对制造过程中制造设备、制造系统以及产品性能进行定量描述，使工艺设计从基于经验的试凑到基于科学推理转变。在数字化技术和制造技术融合的背景下，在虚拟现实、计算机网络、快速原型、数据库和多媒体等支撑技术的支持下，根据用户的需求，通过互联网或物联网迅速收集资源信息，对产品信息、工艺信息和资源信息进行分析、规划和重组，实现对产品设计和功能的仿真以及原型制造，进而快速生产出达到用户要求性能的产品。

信息物理系统（Cyber-Physical Systems，CPS）是一个综合计算、网络和物理环境的多维复杂系统，通过 3C 技术的有机融合与深度协作，实现大型工程系统的实时感知、动态控制和信息服务。所以，工业信息物理融合系统，是智能制造的基础理论和关键支撑。数字仿真、计算机数控技术、计算机图形学、计算机辅助设计、计算机辅助制造、计算机辅助工程、计算机辅助工艺规划或设计以及产品数据管理、管理信息系统和企业资源计划等新兴技术已经在电子、造船、航空、航天、机械、建筑、汽车等各个领域中开始得到了较广泛的应用，它们的互相配合应用成为最具有生产潜力的工具，展示了智能制造光明的前景。

柔性生产成为制造业的核心竞争力。柔性化生产是指在品质、交期、成本保持一致的条件下，生产线在大批量生产和小批量定制生产间任意切换。日本丰田汽车公司创建的"准时制生产方式"（Just in Time，JIT），又称作无库存生产方式、零库存生产方式（美国称为"精益生产方式"），指的是将必要的零件以必要的数量在必要的时间送到生产线，并且只将所需要的零件、所需要的数量、在正好需要的时间送到生产线。

智能工厂是智能制造的基本单元，它由产品设计、生产、管理信息系统（包括 CAD、PDM、ERP 等）组成，包括工业互联网、互联互通设备、传感器阵列、分布式控制系统、高速数据通信系统、校验系统和现场信息终端等集成的系统。最终，通过网络、云和大数据实现从单个智能工厂小系统外延到全球化智能制造产业链。智能工厂包括六个核心模块：设备互联、计划排程、生产协同、资源优化、质量控制、决策支持。

2016 年底，由中国建筑股份有限公司承建的非洲第一高楼阿尔及尔大清真寺完工。这项工程总共包括 12 座建筑物，占地面积超过 40 万平方米，其物联网感知系统由上海物联网公司承建。大清真寺处在地中海—喜马拉雅地震带上，物联网感知系统能有效抵御"千年一遇"大地震的极高要求，得到了阿尔及利亚业主单位和德国监理单位的一致好评。

上海物联网公司承建的超高层建筑监测系统，例如：北京中国尊、武汉中心大厦、武汉绿地中心、成都绿地中心、沈阳宝能环球中心，利用光纤光栅传感器，对顶升模架的爬爪受力、水平度、垂直度、梁柱应变、爬爪翻转、油缸运动等数据进行实时采集与监测，保障了施工进度和人员安全。

（七）医疗健康

智能医疗借助于物联网/云计算技术、人工智能的专家系统、嵌入式系统的智能化设备，构建起完美的物联网医疗体系，实现医疗信息互联、共享协作、临床创新以及公共卫生预防等，使全民平等地享受顶级的医疗服务，解决或减少由于医疗资源缺乏，导致看病难、医患关系紧张、事故频发等现象。远程医疗是指通过计算机技术、遥感、遥测、遥控技术为依托，充分发挥大医院或专科医疗中心的医疗技术和医疗设备优势，对医疗条件较差的边远地区、海岛或舰船上的伤病员进行远距离诊断、治疗和咨询，其中包括远程患者监测、视频会议、在线咨询、个人医疗护理装置、无线访问电子病例和处方等。智能医疗是远程医疗的高级阶段。凭借国家高清视联网将实现全国组网，届时多个数字化医院统一视频平台和远程医疗视联网将在一张大网上运行，依托机顶盒可以直至入户。通过国家视联网实现全国互通互联，最终实现病人与医生之间只有一个屏幕的距离。

2017 年 7 月 28 日，国家健康医疗大数据展示中心在南京江北新区开馆，该中心年测序能力可达四五十万人次，是目前全亚洲最大的基因测序基地。规划为"1 个中心、3 个应用基地"的四大功能片区，分别是健康医疗大数据存储中心、国际健康服务社区、生物医药谷及健康科技产业园，总规划用地面积约 17.3 平方公里。"1 个中心"将构建统一权威、互联互通的人口健康医疗信息平台，并培育"互联网＋健康医疗"新业态。"3 个基地"分别定位为医疗健康大数据在医疗、养生、养老、培训等方面的综合服务应用基地、在生物医药研制方面的应用基地以及在高精尖医疗科技研发领域的应用基地。其存储容量达 52PB，江苏省 8 000 万人的个人健康档案和电子病历以及全省174 家三级医院影像资料等健康医疗大数据将统一存储在该中心。

2019 年 3 月 16 日上午，全国首例基于 5G 的远程人体手术——帕金森病"脑起搏器"植入手术成功完成。位于海南的神经外科专家凌至培主任，通过中国移动5G网络实时传送的高清视频画面，远程操控手术器械，成功为身处北京的中国人民解放军总医院的一位患者完成了"脑起搏器"植入手术。本次手术是全国首例5G远程人体手术，借助中国移动5G网络实现。此次手术是在远程会诊、远程B超等5G特色应用基础上从医学观察、指导到操作的又一次突破。

2014年8月22日，由中国科学院上海微系统与信息技术所和上海微技术工业研究院携手博通公司共同打造"物联网联合创新中心"正式揭牌成立。物联网联合创新中心旨在集结各方技术和产业实力，推进上海及周边地区物联网水平的提高，推动可穿戴、智能家居等物联网领域的平台建设和创意落地，共同推进中国可穿戴市场的发展和互联技术平台的搭建。该中心推出包括来自近20家科研院所、高校、企业、创业团队的产品，包括智能手表、智能手环、智能家居、智能路灯控制系统、智能网关、室内定位、城市安全地图、车联网、传感器及互联芯片等从芯片级到产品级的各类物联网产品展示。将传感器嵌入到手表里，如果家里有老人孩子，可以让他们带上这个手表，即使你在外面上班、出差，手表也可以随时掌握他们的体征，并通过手机或电脑告诉你。用这种方法，医生也可以随时随地了解病人的体征，为病人诊断看病。

始建于1955年的加州大学洛杉矶分校医学中心是世界上第一家引进远程医疗机器人的医院。该机器人可以代替医生对患者实施监测，在机器人自带摄像头和配套视频软件的帮助下，患者及其家属在需要的时候可以通过该机器人连接到医生的电脑上，然后开启视频，面对面地向医生咨询。美国加州大学圣迭戈分校正在研制一种可用于摧毁肿瘤细胞的微型机器人"纳米蠕虫"，其长度相当于蚯蚓长度的三百万分之一，它能如巡航导弹一般在人体内自由游动，寻找和发现肿瘤细胞，并给予致命一击。2011年10月17日，科学家研制出一种由碳纳米管制成的材料，能以很快的速度旋转，或许可以被用于建造微型游泳机器人。有一天，你的动脉里可能会游动着许多纳米机器人，它们将会帮助你消灭病原体，进而对付肿瘤和细菌。

（八）精细农牧业

精细农业是指实时地获取地块中每一小区土壤、农作物的信息，诊断作物的长势和产量在空间上差异的原因，并按每小区做出决策，准确地在每个小区进行灌溉、施肥、喷药，以达到最大限度利用水、肥和杀虫剂的效率，增加产量，减少环境污染。农田水肥一体化智能系统的一般应用是通过无线网络将大量合理配置的传感器（例如温度传感器、湿度传感器、pH酸碱度传感器、光照度传感器、二氧化碳传感器等）节点构成监控网络，实时采集温室内温度、土壤温度、二氧化碳浓度、湿度信号以及光照、叶面湿度、露点温度等环境参数，经由无线信号收发模块传输数据，自动开启或者关闭指定设备，实现对大棚温湿度的远程控制，达到增产、改善品质、调节生长周期、提高经济效益的目的，逐渐地从以人力为中心、依赖于孤立机械的生产模式转向以信息和软件为中心的生产模式转化。随着土地流转规模的扩大，物联网应用方式进一步多样化，无人机用于作物生长状况监测、农药播撒，无人农业机械用于播种、收割，从而实现农业智能化、远程控制的生产和销售。

精细牧业包括物联网结合生态渔业项目。简单改造鱼塘后，不仅能依靠科技轻松养鱼，而且鱼养得多、长得快，还能不需要化学药品，养出生态鱼。此外，内部水循环可实现尾水零排放。在每个养殖池里都分布着一根根白色水管，有些悬挂在养殖池上面，有些深入水底。这就是立体分层注水系统。悬挂在上面的水管中，一股股水流正从一个个出水口注入水池中。

智能农业包括农业资源利用、农业生产精细化管理、生产养殖环境监控、农产品质量安全管理与产品溯源。近年无人机的发展为农牧业监控提供了一个飞行平台，可以搭载不同的设备去执行各种农牧业飞行任务：

首先，用农业无人机打药，可避免人与农药的直接接触，免除了农药中毒的危险。同时，以往的人工喷药，每个人每天最多可以打药十几亩，但是电动的无人机每天喷药300—500亩，载重大点的无人机单天作业面积可以达到2 000亩。这样的作业效率是人工作业无法比拟的，例如使用大疆MG-1无人机喷洒农药，十几二十亩的农田半小时就能完成，每亩地分摊下来的成本并不算高。

其次，要确保粮食稳定，一方面要坚守耕地同时，一方面要面对农村劳动力日渐流失。在这种矛盾之下，使用无人机提高效率是最好的解决办法。

最后，适合无人机的农业服务有很多，像室外土壤监测、病虫害预警、作物生长状况监测等，除此之外，无人机还可以进行播种、施肥、授粉、驱鸟等等。

（九）金融与服务业

网络金融，又称电子金融，从狭义上讲，是指在互联网上开展的金融业务，包括网络银行、网络证券、网络保险等金融服务及相关内容；从广义上讲，网络金融就是以网络技术为支撑，在全球范围内的所有金融活动的总称，它不仅包括狭义的内容，还包括网络金融安全、网络金融监管等诸多方面。互联网支付、基金销售、P2P 网络借贷、网络小额贷款、众筹融资和金融机构的创新性互联网平台都属于其行列。创新在金融的各个领域都有发生，比如在信贷业务领域，银行利用互联网的搜索引擎，为客户提供适合其个人需要的消费信贷、房屋抵押信贷、信用卡信贷、汽车消费信贷服务；在支付业务领域，新出现的电子账单呈递支付业务通过整合信息系统来管理各式账单（保险单据、账单、抵押单据、信用卡单据等）。

网络金融的兴起，将彻底改变原有服务业的经营模式。无人超市的开幕，象征无现金流通时代的到来。整个商店没有一个售货员，各种商品应有尽有。扫码进店，自选商品，系统会自动在大门外识别用户的商品，自动从支付软件扣款，手机也会自动通知用户扣款信息。

现代服务业是指以现代科学技术——特别是信息网络技术为主要支撑，建立在新的商业模式、服务方式和管理方法基础上的服务产业。它既包括随着技术发展而产生的新兴服务业态，也包括运用现代技术对传统服务业的改造和提升。

它有别于商贸、住宿、餐饮、仓储、交通运输等传统服务业，以金融保险业、信息传输和计算机软件业、租赁和商务服务业、科研技术服务和地质勘查业、文化体育和娱乐业、房地产业及居民社区服务业等为代表。

世界贸易组织的服务业分类标准界定了现代服务业的九大分类，即商业服务、电信服务、建筑及有关工程服务、教育服务、环境服务、金融服务、健康与社会服务、与旅游有关的服务、文娱体育服务。服务业按服务对象一般可分类为：①生产性服务业，指交通运输、批发、信息传输、金融、租赁和商务服务、科研等，具有较高的人力资本和技术知识含量；②生活（消费）

性服务业，指零售、住餐、房地产、文体娱乐、居民服务等，属劳动密集型，与居民生活相关；③公益性服务业，主要是卫生、教育、水利和公共管理组织等。

2017年，我国服务业增加值为427 032亿元，占GDP的比重为51.6%，超过第二产业11.1个百分点，一跃成为我国第一大产业。其中信息传输、软件和信息技术服务业、租赁和商务服务业的发展增速远高于国民经济平均增速。实施"互联网＋"发展战略，互联网经济、数字经济、共享经济等新经济已成为推动我国经济增长的新引擎。

（十）国防军事

按照美国国防部战略研究所的观点，在信息革命和生物革命的推动下，世界正经历一场多维的军事革命。正如美国参谋长联席会议前副主席欧文所述，当今军事革命的技术基础是"系统的系统"，即综合运用各种系统大幅度增加军事能力。其中首要的就是精确、及时地获取信息，而无线通信、传感器和网络是获取和传输信息的主要手段。

物联网在军事国防领域的应用使战场感知透明化，使武器装备智能化。具体方面有：人员、环境观察、武器、自动系统、战备仓库、士兵电子伤情、军队人员管理、军队车辆管理、作战指挥管理等。随着智能传感器及其网络技术的不断完善，其在军事上的应用特别受到高度重视。

基于可随意密集布设低价传感器节点的传感器网络具有能够快速布设、自组装和即使某些节点毁坏也不会影响系统效能等优点，使嵌入式网络传感系统成为一个非常有前景的技术而受到军方的高度重视。具体应用包括监察和协调我方及友军部队的装备和军火状态，战场实况监视、敌方军力和地形侦察，目标定位、战斗损失评估，核、生物和化学武器的探测和评估等。在20世纪60年代的武器控制中，就开始采用嵌入式计算机系统了，后来用于军事指挥控制和通信系统，所以军事国防历来就是嵌入式系统的一个重要应用领域。现在的各种武器控制（火炮控制、导弹控制、智能炸弹制导引爆装置）、坦克、舰艇、轰炸机等，陆、海、空各种军用电子装备、雷达、电子对抗军事通信装备，野战指挥作战用各种专用设备等都可以看到嵌入式系统的影子。

2007 年 12 月 18 日，美国国防部公布了一份长达 188 页的《无人作战系统路线图》，其中的战略规划报告提出：未来无人作战平台将为美军承担越来越多的危险任务，空军将部署更多的无人机，陆军将使用更多的无人地面车辆和机器兵，海军将部属更多的无人战舰和无人机。美国国防部将不断发展和增加配置完善无人系统部队，同时，无人系统部队必须与有人系统和其他无人系统无缝地衔接。为了改善无人系统单个或协同状态下独立工作的能力，国防部将赋予其较大的自主度以在动态环境中执行复杂的使命。无人系统于现在和将来在海、陆、空军中都将发挥重大作用，其中侦察、打击、部队防护和信号收集等任务已可由战场无人系统进行，给予战士更多支持的无人系统也正在发展中。

美国提出的当代陆军单兵作战所用的各种微传感器和测量系统，包括传感器测量、智能头盔（包括夜视仪、红外 / 激光瞄准器、对讲通信等）、声音监测和分析、定位模块和 GPS 系统、身体监测系统（包括体温、心跳、血压、组织 pH 酸碱度、葡萄糖值、乳糖酶等）、紧急救护呼叫和内置式无线通信装置。数字生理学探测：贫血、缺氧、新陈代谢数据、身体紧张度、警惕性、忍耐力等。

二、物联网的其他应用领域

物联网的其他应用领域还有地理信息系统、远程教育、网上政务、分布式新能源、共享经济、"西气东输"、森林防火救灾、江河湖泊防洪救灾、水利监测、气象观测等。

（一）地理信息系统

地理信息系统（Geographic Information System，GIS）是一门综合性学科，结合地理学、地图学以及遥感和计算机科学，已经广泛地应用在不同的领域，是用于输入、存储、查询、分析和显示地理数据的计算机系统，是一种特定的十分重要的空间信息系统。它是对整个或部分地球表层（包括大气层）空间中的相关地理分布数据进行采集、储存、管理、运算、分析、显示和描述的技术系统。它有三个子系统，即计算机系统、地理数据库系统、地理信息系统。我国基础地理信息数据主要分为控制点、水系、居民地、交通、管线、地形、土壤和植被八大类，然后依次分为小类、一级地类和二级地类。

依据数据分类进行编码，然后进行数字化处理。地理信息系统与测量学、遥感、数据库、机助设计、软件工程等许多学科相关，如数码城市地理信息系统逼真的三维数字显现出其在城市基础设施管理、城市开发决策支持等众多领域巨大的应用潜力，从而成为城市信息第化普遍关注的热点问题之一。GPS导航需要地理信息系统密切配合，才能给出精确的导航路线。

（二）远程教育

远程教育是学生与教师、学生与教育组织之间主要采取多媒体方式进行系统教学和通信联系的教育形式，是将课程传送给校园外的一个或多个学生的教育。现代远程教育则是指通过音频、视频（直播或录像）以及包括实时和非实时的计算机技术把课程传送到校园外的教育，是一种跨学校、跨地区的教育体制和教学模式，它的特点有学生与教师分离、采用特定的传输系统和传播媒体进行教学、信息的传输方式多种多样、学习的场所和形式灵活多变。与面授教育相比，远程教育的优势在于，它可以突破时空的限制、提供更多的学习机会、扩大教学规模、提高教学质量、降低教学的成本。基于远程教育的特点和优势，许多有识之士已经认识到发展远程教育的重要意义和广阔前景。

（三）网上政务

以上海为例，根据市委市政府要求，上海政务服务网已上线运行。查询行政审批事项、行政确认事项等办事指南可点击首页导航条"网上办事"下的"政务服务"……上海通过对全市各级行政权力的集中展示、集中网上办理、集中数据共享，打造了咨询一点通、服务零距离、办事一站通的网上政务服务，开展一网统办。办理项目包括三金查询、企业开办"一窗通"、普通护照新办、建设工程联审共享平台、普通护照换领、大众创业、万众创新、港澳通行证新办和企业信息公示等。

（四）分布式新能源

分布式能源（Distributed Energy Resources）是指分布在用户端的能源综合利用系统，是以资源、环境和经济效益最优化来确定机组配置和容量规模的系统。它追求终端能源利用效率的最大化，采用需求应对式设计和模块化组合配置，可以满足用户多种能源需求，能够对资源配置进行供需优化整合。

分布式能源目前已涵盖天然气、生物质能、太阳能、风能、海洋能及其他形式的能源。

根据《2018—2023 年中国分布式能源行业商业模式创新与投资前景预测分析报告》数据显示，如今我国在全面推进分布式光伏和"光伏＋"综合利用工程上已经初见成效。数据显示，截至 2016 年年底，我国光伏电站累计装机容量为 6 710 万千瓦，而分布式累计装机容量则达到了 1 032 万千瓦。截至 2017 年 9 月底，全国光伏发电装机达到 1.2 亿千瓦，其中，光伏电站 9 480 万千瓦，分布式光伏 2 562 万千瓦。

中国天然气分布式发展目前刚刚起步。《关于发展天然气分布式能源的指导意见》中，目标到 2020 年装机规模达到 5 000 万千瓦。根据《关于发展天然气分布式能源的指导意见》，我国将建设 1 000 个左右天然气分布式能源项目，拟建设 10 个左右各类典型特征的分布式能源示范区域。到 2020 年，在全国规模以上城市推广使用分布式能源系统，初步实现分布式能源装备产业化。

生物质能利用的方式主要是直接燃烧、发电、气化和转变为成型燃料。所谓生物质气化是指利用工业手段将秸秆变成天然气，用秸秆转变而成的天然气虽然与煤相比缺乏竞争力，但是和煤气、天然气相比是具有竞争力的。秸秆气化也可解决部分区域的集中供气问题。此外，生物质成型燃料还是替代煤的好产品。2016 年，我国生物质能发电项目装机容量达到 1 224.8 万千瓦，较 2015 年再增加 104.9 万千瓦，发电量达到 634.1 亿千瓦时。数据显示，我国生物质发电项目达到了 665 个，仅 2016 年一年内就再添 66 个项目，成为投资领域的新宠。

（五）共享经济

共享经济最早由美国得克萨斯州立大学社会学教授马科斯·费尔逊和伊利诺伊大学社会学教授琼·斯潘思于 1978 年提出。"共享经济"鼻祖罗宾·蔡斯女士提出了共享经济的公式：产能过剩＋共享平台＋人人参与。其主要特点是，以信息技术为基础创建一个第三方市场平台，平台作为连接供需双方的纽带，通过动态算法与定价、双方互评体系等一系列机制的建立，供求双方通过共享经济平台进行交易，使得闲置资源流动起来。目前，共享出行主要有打车软件为代表、共享空间有民宿为代表、共享度假有 VaShare 为代表、共享游戏有 Steam 为代表、面向全球的在线工作平台有 AAwork、共享资金价值有 Prosper 平台、共享饮食有 Eatwith 和众多的旅居养生等。在我国，共享经济方兴未艾，典型代表为共享单车在全国各大城市的兴起。

三、智慧小区和智慧城市

（一）智慧小区

智慧小区通过技术手段，赋予物业企业全新服务模式，推动物业企业全面向互联网转型。智慧小区提供小区、房屋、车位、车辆、住户全新数字化管理模式，让传统物业服务完美对接微信，住户只须打开微信，就可浏览小区公告、缴纳物业费用、提交报修申请、参与活动投票等。在帮助物业企业提升服务效率的同时，不断提高服务质量，打造出全新物业服务口碑。2017年10月25日，北京市首个智慧小区示范项目揭牌仪式在昌平顶秀青溪家园小区举行，标志着顶秀青溪家园的智慧小区一期建设任务完成。随着顶秀青溪家园小区智慧化程度的不断提升，一个又一个建设亮点将向公众揭开"智慧小区"的神秘面纱。从门禁对讲、社区服务、智能家居到电子政务，一部手机可搞定居家生活（见图 3-3）。

图 3-3　智慧小区：一部手机搞定居家生活

（二）智慧城市

物联网是智慧城市构架中的基本要素和模块单元，已成为实现智慧城市"自动感知、快速反应、科学决策"的关键基础设施和重要支撑。国家"十三五"规划纲要也明确提出，要"加强现代信息基础设施建设，推进大数据和物联网发展，建设智慧城市"。从物联网应用领域来看，未来在城市用电平衡管理、水资源管理、消防设施管理、地下管网监测、危化品管理、节能环保等重点领域，将加强运用物联网技术实现自动感知和精细管理。

2011年5月，第十四届北京科博会上首先次亮相"智慧北京"，提倡大力发展互联网、物联网、云计算、智能产品等新技术，包括停车引导系统、智能交通、智能家居、互联网全覆盖等。2013年，科技部宣布全国南京等20个城市试点国家"智慧城市"。

"智慧上海"应该是什么样的？

"智慧上海"起码可以包括三方面的内容：安全、高效和可持续。"安全的上海"包括公共应急系统安全高效，以及食品安全、药品安全、环境安全等（空气是否污染）；"高效的上海"包括是否有高效的交通，工作效率是否高效，是否有好的通信技术，是否能得到良好的教育等；"可持续的上海"，则包括能源能否可持续，是否可以找到新的使用能源的方法，如使水电等更智慧、更持续高效地得到使用等。

IBM认为，一个智慧的城市不只是政府的事情，把政府管理的教育、交通、社会服务、公用事业、能源、医疗卫生体系简单的信息连接起来，并不能构成一个智慧的城市。一个真正"智慧的城市"应该把政府提供的服务和与民众工作生活息息关系的主体都连接起来。比如把食品安全、交通、医疗、保险、餐饮、零售等服务行业和相关管理部门等都连在一起，只有在这种情况下，这个城市才会变得更加智慧。

阿里云副总裁、机器智能首席科学家闵万里表示：目前以云计算为基础，基于独立自创的认知网络的繁衍。对于阿里云来说，超过百亿的节点已经在计划中，从大脑认知出发的前提。比如路径选择，方式很多，虽然背后逻辑简单，但是通过大量的数据计算，就能清楚地看到为什么路径的选择是特定的，可以精准地知道每个单元的关联联动时候的关键路径。通过计算能力和数据的大量使用，杭州、苏州都在进行着"城市大脑"的建设。一个城市智慧与否，一定是在城市大脑中枢神经上，如今的传感器网络，5G 时代的到来都能够很好承载信息流通。数据的融会贯通取决于是否能有在线计算的能力，所以阿里巴巴在选择城市的场景，利用城市大脑来梳理智慧城市。

（三）"感知中国、物联世界"

中国物联网从材料、器件、网络到系统、应用重点发展过程历经信息获取与识别、网络传输、信息处理、整体构架与资源处理，最后走向"感知中国"。以 2016 世界物联网博览会为起点，"感知中国、物联世界"的脚步走得更加自信从容。在物联网的时代，会出现更多重要的产业，因为伴随物联网的到来，不少技术重新升华了它的价值，延续了它的生命，将为世界创造更多的东西。比如说，汽车会因为物联网发生一次深刻的变化，相信汽车因为物联网的到来出现的变革不会亚于马改成内燃机。未来十年、二十年，万物互联、网络联网的奇妙，每个人都值得去经历和感受。

第四章　物联网未来发展预期

物联网作为信息通信技术的典型代表，在全球范围内呈现加速发展的态势，可穿戴设备、智能家电、自动驾驶汽车、智能机器人等设备与应用的发展促使数以百亿计的新设备将接入网络，万物互联的时代正在加速来临。预计到 2020 年，M2M 设备的连接将占所有设备连接基数的 46%，同时其数量在 2015—2020 年间增长 2.5 倍。万物互联在推动海量设备接入的同时，将在网络中形成海量数据，预计 2020 年全球联网设备带来数据将达到 44ZB，物联网数据价值的发掘将进一步推动物联网应用的爆发式增长，促进生产生活和社会管理方式不断向智能化、精细化、网络化方向转变。到 2025 年，全球物联网设备基数预计将达到 754 亿台，较 2017 年的 200 亿台左右，复合增长率达 17%。从连接形式上，将由目前主导的手机与其他消费终端连接方式，转变为工业及机器设备间的连接。由此可见，相较于其他技术，物联网对互联网应用终端的影响是最深刻而最具有冲击力的。

一、美国的物联网战略

1. 美国对物联网战略地位的重视

美国国家情报委员会发表的《2025 对美国利益潜在影响的关键技术》报告中，将物联网列为六种关键技术之一。美国国防部在 2005 年将"智能微尘"（Smartdust）列为重点研发项目，美国国家科学基金会的"全球网络环境研究"（GENI）把在下一代互联网上组建传感器子网作为其中重要一项内容。

2009年2月17日，美国前总统奥巴马签署生效的《2009年美国恢复与再投资法案》中提出在智能电网、卫生医疗信息技术应用和教育信息技术进行大量投资，这些投资建设与物联网技术直接相关。物联网与新能源一道，成为美国摆脱金融危机、振兴经济的两大核心武器。

美国在物联网的发展方面再次取得优势地位，产品电子代码全球标准已经在国际上取得主动地位，许多国家采纳了这一标准架构。美国在物联网技术研究开发和应用方面也一直居世界领先地位，射频识别技术最早为美国军方使用，无线传感网络也首先应用在作战时的单兵联络。新一代物联网、网格计算技术等也首先在美国开展研究，新近开发的各种无线传感技术标准主要由美国企业所掌控。在智能微机电系统传感器开发方面，美国也领先一步。例如，佛罗里达大学和飞思卡尔半导体公司开发的低功耗低成本的微机电运动传感器、罗格斯大学开发的多模无线传感器多芯片模块、伊利诺大学厄巴纳-香槟分校开发的热红外无线微机电传感器等，这些技术将为物联网发展奠定良好的基础。

在国家层面上，美国在更广范围地进行信息化战略部署，推进信息技术领域的企业重组，巩固信息技术领域的垄断地位。在争取继续完全控制下一代互联网（IPv6）根服务器的同时，产品电子代码标准体系在全球推行，力图主导全球物联网的发展，确保美国在国际上的信息控制地位。

2. 以智能电网为智慧地球突破口，成经济新增长点

在经济危机的压力下，美国把新能源产业发展提升到了前所未有的高度。智能电网建设更是被选择为刺激美国经济振兴的核心主力和新一轮国际竞争的战略制高点。

根据美国2007年12月通过的《能源独立和安全法案》的描述，智能电网是一个涵盖现代化发电、输电、配电、用电网络的完整的信息架构和基础设施体系，具有安全性、可靠性和经济性三个特点。通过电力流和信息流的双向互动，智能电网可以实时监控、保护并自动优化相互关联的各个要素，包括高压电网和配电系统、中央和分布式发电机、工业用户和楼宇自动化系统、能量储存装置以及最终消费者和他们的电动汽车、家用电器等用电设备，以实现更智慧、更科学、更优化的电网运营管理，进而实现更高的安全保障、

可控的节能减排和可持续发展的目标。

IBM把智能电网称为"电网2.0"，认为与传统的电网相比，智能电网看起来更像互联网，可以接入大量分布式的清洁能源，比如风能、太阳能，并整合利用电网的各种信息，进行深入分析和优化，达成对电网更完整和深入的洞察，实现整个智能电网"生态系统"更好的实时决策；对于电力用户，可以自己选择和决定更有效的用电方式；对于电力公司，可以决定如何更好地管理电力和均衡负载；对于政府和社会，可以决定如何保护我们的环境。

二、欧盟的物联网战略

2006年9月，当值欧盟理事会主席国芬兰和欧盟委员会共同发起举办了欧洲信息社会大会，主题为"i2010——创建一个无处不在的欧洲信息社会"。自2007年至2013年，欧盟预计投入研发经费共计532亿欧元，推动欧洲最重要的第七期欧盟科研架构研究补助计划。2008年9月，欧洲智能系统集成技术平台发表《物联网2020》报告。2009年6月，欧盟委员会向欧盟议会、理事会、欧洲经济和社会委员会及地区委员会递交了《欧盟物联网行动计划》，以确保欧洲在构建物联网的过程中起主导作用。2009年10月，欧盟委员会以政策文件的形式对外发布了物联网战略，提出要让欧洲在基于互联网的智能基础设施发展上领先全球，除了通过ICT研发计划投资4亿欧元、启动90多个研发项目提高网络智能化水平外，欧盟委员会还将于2011—2013年间每年新增2亿欧元进一步加强研发力度，同时拿出3亿欧元专款，支持物联网相关公司合作短期项目建设。

1.《物联网2020》

欧洲智能系统集成技术平台于《物联网2020》中预测，未来物联网的发展将经历四个阶段：2010年前，射频识别将广泛用于物流、零售和制药；2010—2015年，物体互联；2015—2020年，物体进入半智能化互联；2020年后，物体进入全智能化互联。随着物联网进展，各种技术、安全标准（如网络交互标准、智能效应行为标准等）相继建立。物联网市场潜力巨大，物联网产业在自身发展的同时，还将带动微电子技术、传感元器件、自动控制、机器智能化等一系列相关产业的持续发展，带来巨大的产业集群效应。未来物联网产业的核心层面将形成于四大产业群，即共性平台产业集群、行业应用产业集群、公众应用产业集群、运营商产业集群。这四大产业集群构成了与物联网应用关联度最高的产业群体，并带动传感器、集成电路、软件等相关的一般关联产业群进入高速发展期。

2. 欧盟目前的物联网应用

从目前的发展看，欧盟已推出的物联网应用主要包括以下几方面：

（1）具有照相或使用近程通信、基于网络的移动手机。目前，这种使用呈现了增长的趋势；

（2）随着各成员国在药品中开始使用专用序列码的情况逐渐增加，确保了药品在到达病人手中前均可得到认证，减少了制假、赔偿、欺诈和分发中的错误。由于使用了序列码，可方便地追踪到用户的产品，大大提高了欧洲在对抗不安全药品和打击制假方面措施的力度和能力；

（3）一些能源领域的公共性公司已开始部署智能电子材料系统，为用户提供实时的消费信息，同时，使电力供应商可对电力的使用情况进行远程监控；

（4）在一些传统领域，比如物流、制造、零售等行业，智能目标推动了信息交换，增加了生产周期的效率。

上述这些应用的发展，得益于射频识别、近程通信、2D 条形码、无线传感器、IPv6、超宽带、3G 或 4G 的发展，这些在未来物联网的部署中仍会继续发挥重大作用。实际上，欧委会在多期研发框架项目及竞争力和创新框架项目中都加大了在这些领域的投入。以交通领域为例，通过交通物流和智能交通系统行动计划，积极促进部署和发展。

三、日本、韩国的物联网战略

1. 日本的泛在网战略

日本的物联网发展有与欧美国家一争高下的决心，在"T-Engine"下建立 UID 体系已经在其国内得到较好的应用，并大力向其他国家——尤其是亚洲国家推广。

日本政府于 2000 年首先提出了"IT 基本法"，其发展历程主要涵盖三个主要阶段："e-Japan"到"u-Japan"到"i-Japan"，计划建成一个"任何时间、任何地点、任何人、任何物"都可以上网的环境。日本泛在网络发展的优势在于，其有较好的嵌入式智能设备和无线传感器网络技术基础，泛在识别的物联网标准体系就是建立在日本开发的 TRON（The Real-Time Operating System Nucleus，即实时操作系统内核）的广泛应用基础上。

日本是第一个提出"泛在战略"的国家。2004 年，日本信息通信产业的主管机关总务省提出"u-Japan"战略。"U-Japan"的目标是要在 2010 年前，通过无所不在的网络把日本建成一个使所有的日本人（包括儿童和残疾人），都能积极地参与日本社会活动的国家。而"无所不在的网络"是一个 IT 应用环境，它是网络、信息装备、平台、内容和解决方案的融合体。

2009 年，日本 IT 战略本部提出"i-Japan 战略 2015"，目标是实现以国民为中心的数字安心、活力社会。在"i-Japan"战略中，强化了物联网在交通、医疗、教育和环境监测等领域的应用。"I-Japan 战略"无论在技术还是在人文上都更上一层，它有一个核心内容——"国民个人电子文件箱"，其目的是让国民管理自己的信息资料、通过互联网安全可靠地完成工资支付等各种手续，使国民享受到一站式的电子政务服务。

2. 韩国的物联网战略

2006 年，韩国提出了为期十年的"U-Korea 战略"。在"U-IT839 计划"中，确定了八项需要重点推进的业务，物联网是泛在家庭网络、汽车通信平台、基于位置的服务等业务的实施重点。2009 年 10 月，韩国通信委员会通过了《物联网基础设施构建基本规划》，将物联网市场确定为新增长动力，确定了构建物联网基础设施、发展物联网服务、研发物联网技术、营造物联网扩散环境等四大领域的十二项详细课题。

四、我国的物联网战略

1. 我国物联网发展状况

2012 年 2 月 14 日，工信部提出《"十二五"物联网发展规划》。"规划"指出，物联网已成为当前世界新一轮经济和科技发展的战略制高点之一，发展物联网对于促进经济发展和社会进步具有重要的现实意义。2016 年 8 月，工信部网站刊出关于印发《物联网"十二五"发展规划》的通知，并附《物联网"十二五"发展规划》。目前，物联网关键技术在我国得到了广泛的应用。根据统计数据，2014 年，中国物联网产业规模达到了 6 000 亿元人民

79

币，同比增长 22.6%；2015 年，产业规模达到 7 500 亿元人民币，同比增长29.3%。预计到 2020 年，中国物联网的整体规模将超过 1.8 万亿元。

当前，我国制造业处于工业 2.0、工业 3.0 等不同阶段共存的阶段。据中国经济信息社指数中心发布的《新华（常州）中国智能制造发展指数报告（2017 年 1—3 季度）》："截至 2017 年第三季度，我国主要行业仍处于智能制造概念渗透期。智能制造技术在各个行业的应用覆盖率呈现三个梯队。金属冶炼、机械设备制造、汽车制造三个行业渗透率相对较高，分别为 13.58%、12.89% 和 12.40%，智能技术已经开始应用到较多企业的生产过程中；新一代信息技术、应用架构在生物、化工行业的渗透率较低，分别为4.89%、5.09%，行业智能化仍在初步布局阶段；电气设备、新能源、新材料行业的智造渗透率处于平均水平，分别为 8.84%、6.5% 和 7%。"

以汽车制造行业为例，2017 年，中国汽车产业以近 3 000 万辆的成绩连续 9 年成为了全球第一的市场；新能源汽车产销量分别达到 79.4 万辆，连续3 年位居世界第一，累计保有量占全球市场保有量 50% 以上。但智能电动车革命性电池和人工智能软件技术等高端汽车的许多关键技术仍然非自主研发。

2015 年 5 月 27 日，《上海推进科创中心建设 22 条意见》全文发布。上海科创中心建设提出"两步走"规划：2020 年前，形成科创中心基本框架体系；到 2030 年，形成科创中心城市的核心功能。上海科创中心建设将实施一批重大战略项目，布局一批重大基础工程。服务国家战略，重点推进民用航空发动机与燃气轮机、大飞机、先进传感器及物联网等一批重大产业创新战略项目建设。

2. 我国物联网存在的问题

我国物联网仍处于应用层次偏低和向规模化探索的初期，技术成熟度不足造成应用成本居高不下的情况普遍存在。物联网发展仍须以重大应用示范为先导，带动关键技术的突破和产业化发展，降低成本以促进应用规模化推广，形成规模化应用。现阶段，多数物联网应用仍是在特定领域的闭环应用，行业壁垒和信息孤岛依然存在，跨领域、跨行业的互通共享与应用协同明显不足，成为制约应用发展的重要因素。

国家"十三五"规划纲要明确提出"发展物联网开环应用"，将致力于加强通用协议和标准的研究，推动物联网不同行业不同领域应用间的互联互通、资源共享和应用协同，通过开环应用示范工程推动集成创新，总结形成一批综合集成应用解决方案，促进传统产业转型升级、提高信息消费和民生服务能力、提升城市和社会管理水平。因此，需要物联网企业发挥技术创新、业务创新、模式创新和集成创新能力，培育新模式、新业态，在工业制造和现代农业等传统行业领域，车联网、智能家居和医疗健康等消费民生领域，推广特色应用。

下面以中国智能制造瓶颈为例说明：

智能化生产具体表现为生产设备网络化、生产数据可视化、生产过程透明化、生产现场无人化。智能制造的许多关键技术，我国与先发国家仍有差距。例如：①面向智能制造的关键先进数控技术；②高速高精联动控制技术信息实时交互式现场总线技术、多轴联动同步控制技术；③机床多源误差补偿技术，包括几何误差补偿技术、热误差补偿技术、其他误差补偿技术；④智能化控制技术，包括制造工艺大数据实时采集、加工流程及工艺参数优化、机床状态实时监测与诊断控制。不少这些核心技术掌握在美国和日本手中，例如：大数据分析的专利，目前基本被 IBM、微软、日立、日本电报电话公司、富士通垄断。工业机器人领域长期都是日本的天下，工业机器人三大核心技术——控制器（控制技术）、减速机、机器人专用伺服电机及其控制技术，基本掌握在日本手中。超高精度数控机床则是日本、德国和瑞士三分市场。感知层核心技术中的传感器、微电子机械和芯片，其高端产品技术掌握在美国和日本手中。

我国智能制造发展难点有：①制造业数字化阶段尚处在起步阶段，感知层核心技术——微电子机械芯片、机械化和数字化融合核心技术部分受制于人。②国产工业软件全产业链缺失，工业软件化加速制造业核心技术空心化。③工业大数据采集和挖掘服务不健全，大数据对智能制造促进作用有限。④智能制造标准体系不健全，国产产品网络互联和信息共享难以有效实现。⑤国产智能装备产品不成体系，智能制造国内产业生态圈尚未形成。⑥智能制造对制造业商业模式变革作用尚未有效发挥。

在推进智能工厂建设方面，我国制造企业还存在诸多问题与误区：①行业对智能工厂认知程度不同，建设水平分化差距较大；②智能工厂建设的系统性规划不足；③对外技术依存度仍然较高，安全可控能力有待进一步提升；④自动化设备方面，盲目购买自动化设备和自动化产线。我国互联网企业和平台存在的问题还有系统集成能力有限，数据建模和分析能力不足，云计算、大数据开发应用不够，等等。

不仅要有先进的理念（物联网、云计算、大数据、人工智能）、先进的制造体系（创新/专利、数字化制造、信息化管理、智能化系统、设计/产学研/消费一条龙）、高性价比的产品、良好的售后服务和卓著的声誉，而且要有品牌、有体量、有显示度以引领市场，还要能够参与标准和规则制定：把握规则的话语权、标准的制定权和商品的定价权。只有这样，才能把中国制造由大变强。以精准感知、分散智能、资助协同、全局优化、主动防御为特征的未来产品智能控制系统（数字化＋网络化＋智能化）是我们努力的目标。

制造业是现代经济的基础，是国民经济的"脊椎"。近年，随着物联网、云计算、大数据和人工智能的推广与应用，伴随新一代信息技术的突破和扩散，制造业重新成为全球竞争的制高点。在看到人机对话、工业自动化制造是物联网起源之一的同时，也要看到智能制造从 VR 设计、3D 加工、云计算、大数据应用到网络服务各个环节都处处离不开物联网。物联网与智能制造是相互依存、相互促进、密不可分的，发展物联网和智能制造是推动中国制造业由大变强的根本途径和必由之路，也符合中国第四次工业革命进行的方向。同时，在推广发展物联网和智能制造时，要因地制宜，讲究实效，遵循当前我国制造业处于工业 2.0、工业 3.0 等不同阶段共存的特点，结合各企业的实际情况，分步渐进，而不可急于求成。

3. 智能物联网引领智能化时代的发展：

未来 3—5 年，物联网仍以服务智能为主，其技术取得边际进步，机器始终作为人的辅助。在应用层面，人工智能拓展、整合多个垂直行业应用，丰富各类实用场景，中长期将出现显著科技突破。在技术创新领域，现有的应用向纵深拓展，价值创造限制在技术取得突破的领域。长期可能出现超级智能，应用范围再度拓宽，人工智能全面超越人类，无所不在，且颠覆各个行业和领域，价值创造极高的有机组成部分，全面运营泛在网络。

4. 窄带物联网

2017 年 6 月 15 日，工信部正式发布《关于全面推进移动物联网（NB-IoT）建设发展的通知》。通知要求，加快推进移动物联网部署，构建窄带物联网网络基础设施。到 2017 年末，实现窄带物联网网络覆盖直辖市、省会城市等主要城市，基站规模达到 40 万个；到 2020 年，窄带物联网网络实现全国普遍覆盖，面向室内、交通路网、地下管网等应用场景实现深度覆盖，基站规模达到 150 万个。

窄带物联网（Narrow Band Internet of Things，NB-IoT）成为万物互联网络的一个重要分支。窄带物联网构建于蜂窝网络，只消耗大约 180 千赫兹的带宽，可直接部署于全球移动通信系统网络、通用移动通信系统网络或长期演进网络，以降低部署成本、实现平滑升级。

窄带物联网是物联网领域一个新兴的技术，支持低功耗设备在广域网的蜂窝数据连接，也被叫做低功耗广域网（LPWAN）。窄带物联网支持待机时间长、对网络连接要求较高设备的高效连接。据说窄带物联网设备电池寿命可以提高至少 10 年，同时还能提供非常全面的室内蜂窝数据连接覆盖。

窄带物联网具备四大特点：一是广覆盖，将提供改进的室内覆盖，在同样的频段下，窄带物联网比现有的网络增益 20 dB，相当于提升了 100 倍覆盖区域的能力；二是具备支撑海量连接的能力，窄带物联网的一个扇区能够支持 10 万个连接，支持低延时敏感度、超低的设备成本、低设备功耗和优化的网络架构；三是更低功耗，窄带物联网终端模块的待机时间可长达 10 年；四是更低的模块成本，企业预期的单个连接模块不超过 5 美元。因为窄带物联网自身具备的低功耗、广覆盖、低成本、大容量等优势，使其可以广泛应用于多种垂直行业，如远程抄表、资产跟踪、智能停车、智慧农业等。

假设全球有 500 万左右物理站点，全部部署窄带物联网，每个站 3 个扇区、每个扇区部署 200 千赫兹、每小时每个传感器发送 100 个字节，那么全球站点能够连接的传感器数量高达 4 500 亿。"窄带物联网在欧洲乃至全球都呈现出巨大的发展机遇。到 2020 年，物联网全部产业链价值有望达到 3 万亿欧元，包括全产业链上下游，如网络连接、数据处理、平台应用、商业合作等。"

2015 年 11 月，数家全球主流运营商联合设备商、芯片厂商和相关国际组织，在中国香港特别行政区举办窄带物联网论坛筹备会，旨在加速窄带物联网生态系统的发展，成员包括中国移动、中国联通、阿联酋电信、LG Uplus、意大利电信、西班牙电话公司、沃达丰、全球移动通信系统协会、GTI、华为、爱立信、诺基亚、高通和英特尔。六家运营商成员还宣布，将在全球成立六个窄带物联网开放实验室，聚焦窄带物联网业务创新、行业发展、互操作性测试和产品兼容验证。

第五章　物联网与云计算

一、物联网催生云计算

IBM 前首席执行官郭士纳曾提出一个重要的观点，他认为计算模式每隔 15 年发生一次变革。人们称其为"十五年周期定律"。1965 年前后发生的变革以大型机为标志，1980 年前后以个人计算机的普及为标志，而 1995 年前后则发生了互联网革命。每一次这样的技术变革都引起企业间、产业间甚至国家间竞争格局的重大动荡和变化。而互联网革命一定程度上是由美国"信息高速公路"战略所催熟。随后物联网兴起，2008 年，IBM 公司进一步提出智慧地球策略，希望"智慧的地球"策略能掀起"互联网"浪潮之后的又一次科技革命——云计算和大数据的到来。

物联网的应用范围也随着不同网络的融合和微电子技术、信息技术等的发展而不断扩大：从智能模块、智能器件到智能家居、智能建筑，从 IP 电话到远程教育、远程医疗，从智能电网、智能交通到地理信息系统和整个环境的监测，从智慧小区、智慧城市到"感知中国""智慧地球"。

目前，全球物联网处于高速发展阶段，规模不断扩大，联网设备高速增长。根据统计及预测，2016 年全球物联网设备数量达到 64 亿，2017 年达到 84 亿，年增长率 31%，预计到 2020 年，全球联网设备数量将达到 208 亿（见图 5-1）。

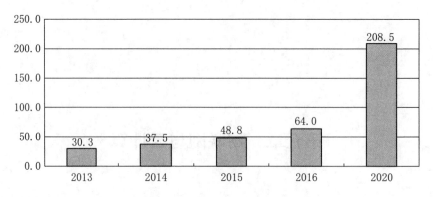

数据来源：2017年我国物联网产业规模及市场预测分析。

图 5-1　全球物联网连网设备数量统计及预测（亿台）

　　物联网不仅在健康医疗和食品、药品安全方面可发挥效用，而且它可覆盖所有商品从产品制造、存储、流通到使用的所有环节，可实现个人健康监护乃至整个生存环境的监护。物联网将把新一代 IT 技术充分运用在电力、水利、采油、采矿、环保、气象、烟草、金融等行业信息采集或交易系统中。具体地说，就是把感应器嵌入和配备到电网、铁路、桥梁、隧道、公路、建筑、供水系统、大坝、油气管道等各种设施中。物联网也可广泛用于国防军事、国家安全、环境科学、交通管理、反恐维稳、防震救灾、城市信息化等领域。到 2020 年，我国数据储存量将达到约 39 ZB，其中约 30% 的数据来自物联网设备的接入，海量非结构化数据的分析、处理需求对物联网云平台的发展起到重要的催化作用。物联网云平台在物联网四个逻辑层（感知层、网络层、平台层、应用层）中处于平台层这一环，平台层于物联网的作用在于收集、处理数据等。根据云平台的功能可将其分为连接管理平台（CMP）、终端管理平台（DMP）、应用支持平台（AEP）和业务分析平台（BAP）等四个平台。到目前为止，还没有一家公司可在业务上涵盖四个子平台，每个公司有各自擅长的领域和独特优势。

　　物联网通过传感器采集到海量数据，然后云计算对海量数据进行智能处理和分析。在云计算技术的支持下，物联网能够进一步提升数据处理分析能力，不断完善。云计算可以为物联网的海量数据提供足够大的存储空间，而云存储则可通过网格技术、分布式技术等将不同类型的设备集合应用起来、协同起来，对外提供数据存储以及业务分析等功能。

二、云计算的定义和特点

1. 云计算概念

云计算（Cloud Computing）是由谷歌公司于2007年首先提出的新名词。维基百科将"云计算"解释为"一种动态的易扩展的且通常是通过互联网提供虚拟化的资源计算方式，用户不需要了解云内部的细节，也不必具有云内部的专业知识或直接控制基础设施"。云计算包括基础设施即服务（Infrastructure as a Service，IaaS）、平台即服务（Platform as a Service，PaaS）和软件即服务（Software as a Service，SaaS）以及其他依赖于互联网满足客户计算需求的技术趋势。云计算主要提供通用的通过浏览器访问的在线商业应用、软件和数据存储等服务。云平台可由上万乃至百万台服务器并联或一台超级计算机来实现。

云计算使得企业能够将资源切换到需要的应用上，根据需求访问计算机和存储系统。这就好比是从古老的单台发电机模式转向了电厂集中供电的模式，它意味着计算能力也可以作为一种商品进行流通，就像煤气、水电一样，取用方便，费用低廉。最大的不同在于，它是通过互联网进行传输的。

作为继"网格计算"、"按需计算"（On-demand Computing）、"效用计算"（Utility Computing）、"互联网计算"（Internet Computing）、"软件即服务"、"平台即服务"等类"云"概念和计算模式的最新发展，云计算通过将各种互联的计算、存储、数据、应用等资源进行有效整合并实现多层次的虚拟化与抽象化，有效地将大规模的计算资源以可靠服务的形式提供给用户，从而将用户从复杂的底层硬件逻辑、网络协议、软件架构中解放出来。通过云计算技术，网络服务提供者可以在数秒之内，处理数以千万计甚至亿计的信息，达到和"超级计算机"同样强大的网络服务。继而，只需要一台笔记本或者一个手机，就可以通过网络服务来实现我们需要的一切（见图5-2）。

云计算（Cloud Computing）是分布式计算的一种，指的是通过网络"云"将巨大的数据计算处理程序分解成无数个小程序，然后，通过多部服务器组成的系统进行处理和分析这些小程序，得到结果并反馈至用户。云计算是分

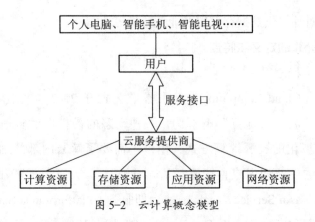

图 5-2 云计算概念模型

布式处理（Distributed Computing）、并行处理（Parallel Computing）、网格计算（Grid Computing）和对等计算（P2P）的发展（见图 5-3），或者说是这些计算机科学概念的商业实现。提供资源的网络被称为"云"，"云"中资源在使用者看来是可以无限扩展的，并且可以像水电一样随时获取，按需使用，按使用量付费。云计算是以相对集中的资源，运行分散的应用（大量分散的应用在若干大的中心执行）；而网格计算则是聚合分散的资源，支持大型集中式应用（一个大的应用分到多处执行）。

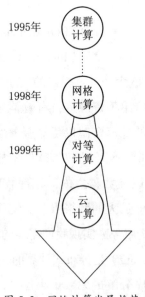

图 5-3 网络计算发展趋势

2. 云计算的特点 ①

（1）超大规模。"云"具有巨大的规模，能赋予用户前所未有的计算能力。如：谷歌公司的云计算基础设施是在搜索应用提供服务的基础上扩展起来的。谷歌云计算拥有 100 多万台服务器，基础架构由分布式文件系统（Google File System）、大规模分布式数据库（Big Table）、程序设计模式（Map Reduce）和分布式锁机制（Chubby）等相互独立又紧密结合的系统组成。

（2）虚拟化。云计算支持用户在任意位置使用各种终端获取应用服务。用户所请求的资源来自"云"，而不是固定的有形实体。

（3）高可靠性。"云"使用了数据多副本容错、技术节点同构可互换等措施来保障服务的高可靠性，比使用本地处理器安全可靠。

（4）通用性。云计算不针对特定的应用，同一个"云"可以同时支撑不同的应用运行。"云"的通用性使资源的利用率相对于传统系统大幅提升。

（5）可伸缩性。"云"的规模可以动态伸缩，满足应用和用户规模增长的需要。

（6）按需服务。"云"是一个庞大的资源池，可按需购买，可以像水、电、煤气那样按量计费。

三、物联网与云计算应用

云计算相当于人的大脑，是物联网的神经中枢。云计算是基于互联网相关服务的增加、使用和交付模式，通常涉及通过互联网来提供动态易拓展且经常是虚拟化的资源。目前，很多物联网的服务器部署在云端，通过云计算提供应用层的各项服务。云计算可以认为包括以下几个层次的服务：基础设施即服务、平台即服务和软件即服务。

（1）基础设施即服务

消费者通过互联网可以从完善的计算机基础设施获得服务。例如：硬件服务器租用。

（2）平台即服务

平台即服务实际上是指将软件研发的平台作为一种服务，以软件即服务

---

① 见钟晨晖：《云计算的主要特征及应用》，《软件导刊》2009 年第 10 期，第 3—5 页；表红军：《云计算环境下数字参考咨询服务模式创新》，《电信科学》2009 年第 12 期，第 23—30 页。

的模式提交给用户。因此，平台即服务也是软件即服务模式的一种应用。但是，平台即服务的出现可以加快软件即服务的发展，尤其是加快软件即服务应用的开发速度。例如：软件的个性化定制开发。

（3）软件即服务

它是一种通过互联网提供软件的模式，用户无须购买软件，而是向提供商租用基于网络的软件，来管理企业经营活动。

亚马逊是最早意识到服务价值的公司，它把服务于公司内部的基础设施、平台、技术，磨炼成熟后推向市场，为社会提供各项服务，也因此成为全球云计算市场的领头羊。

四、未来发展预期

物联网市场潜力巨大，物联网产业在自身发展的同时，还将带动微电子技术、传感元器件、自动控制、机器智能化等一系列相关产业的持续发展，带来巨大的产业集群效应。未来物联网产业的核心层面形成自四大产业群，即共性平台产业集群、行业应用产业集群、公众应用产业集群、运营商产业集群。这四大产业集群构成了与物联网应用关联度最高的产业群体，并带动传感器、集成电路、软件等相关的一般关联产业群进入高速发展期。

中国物联网有十分广阔的应用范围和规模巨大的产业市场。到2020年，物物互联业务与现有人人互联业务之比有望达到30：1，物物互联将呈现出下一个万亿产业的前景，发展大容量超级计算机成为十分迫切的任务。

中国研制的每秒钟能进行2 507万亿次计算的超级计算机"天河一号"已于2010年建成，"天河一号"云计算中心、"天河—酷卡"动漫与影视超级渲染云计算平台已经正式启动。借用云计算技术，"天河一号"的公共服务辐射到动漫、影视领域，成为当今世界上规模最大、渲染速度最快的渲染平台之一。除动漫渲染平台外，"天河一号"还在石油勘探、生物医药、工程设计与仿真分析、土木建筑设计分析、气象预报、动漫设计等方面获得成功应用，为70多家用户单位提供了高性能计算服务，让超级计算机发挥更大作用。2013年，"天河二号"取代"天河一号"，成为全球最快超级计算机。

2016年6月20日，在法兰克福全球超级计算大会上，国际TOP500组织发布的榜单显示，中国的"神威·太湖之光"超级计算机系统夺得冠军，不仅速度比"天河二号"快出近两倍，其效率也提高了三倍。更为重要的是，"神威·太湖之光"超级计算机采用了 40 960 个中国自主研发的"申威 26010"众核处理器。该众核处理器采用 64 位自主申威指令系统，峰值性能为 12.5 亿亿次 / 秒，持续性能为 9.3 亿亿次 / 秒。

在 2016 年 11 月 15 日公布的第 48 届全球超级计算机排行榜上，中国完全自主的"神威·太湖之光"蝉联冠军，效率为第二名"天河二号"的几乎三倍、第三名美国泰坦的几乎六倍。

目前，亚洲最大的腾讯云计算中心、国内最大的创新科云存储中心正在加快建设，曙光高性能计算机服务器形成 50 万台生产能力。中国成为世界上继美国之后第二个能生产高性能服务器的国家。

与此同时，物联网在网络与信息安全管理、接口标准化等方面还面临不少技术和标准方面的问题。在第四届微米纳米技术创新与产业化国际研讨与展览会暨物联网与微机电系统产业应用论坛上，包括中国科学院上海微系统与信息技术研究所所长王曦院士在内的专家表示，发展物联网切忌"头脑发热"。物联网还不是一个成熟产业，如果没有宏观统一的协调和规划，容易陷入某种程度的混乱无序状态。物联网要真正成为一个完整的产业，还有一个很长的发展阶段。

第六章　物联网与大数据

——"大数据"又一次技术革命

一、大数据时代已到来

世界已经转移到以数据为中心的范式——"大数据时代"。在"大数据时代"中，数以亿计的计算机和移动设备正在持续不断地创造出数量惊人的信息，以至于过去十年中我们所使用的计算工具已经没有能力迎接这些新的挑战了。①

工业革命以后，书籍等以文字为载体的知识量大约每十年翻一番；1970年以后，大约每三年翻一番。全球数据量在 2011 年已达到 1.8 ZB，2015 年达到近 8 ZB。在美国，几乎每个行业的千人以上单家企业平均数据存储量都在 200 TB 以上。据互联网数据中心（Internet Data Center，以下简称 IDC）研究报告，未来十年，全球数据量将以大于 40% 的速度增长，2020 年的全球数据量将达到 35 ZB，为 2009 年的 44 倍。②美国前总统奥巴马的科技顾问史蒂芬·布罗布斯特（Stephen Brobst）曾说："过去三年里产生的数据量比以往四万年的数据量还要多，大数据时代的来临已经毋庸置疑。我们将面临一场变革，新兴大数据将成为企业发展的当务之急，而常规技术已经难以应对拍字节级的大规模数据量。这一变化所带来的挑战，是成功的企业在未来发展

① 赵春雷：《"大数据"时代的计算机信息处理技术》，《世界科学》2012 年第 2 期，第 30—31 页。
② 王琦：《"大数据"，IT 行业的又一次技术革命》，《科技日报》2012 年 7 月 1 日，第 2 版。

过程中必须要面对的。只有那些能够运用这些数据形态的企业，方能打造可持续的重要竞争优势。"①

"大数据"由英语"Big Data"直译而来，过去常说的"信息爆炸""海量数据"等已经不足以描述这个新出现的现象。大数据是技术领域发展趋势的一个概括，这一趋势打开了理解世界和制定决策的新通道。

大数据首先是数据量大，通常在10 TB以上。过去常用的千字节（KB），其地位几乎像如今的分币，人人口中已经是兆字节（MB）和吉字节（GB），专业人士则在大谈太字节（TB）甚至是拍字节（PB）。根据IDC的预计，大量新数据无时无刻地涌现，它们以每年50%的速度在增长，或者说每两年就要翻一番多。不仅仅是数据的洪流越来越大，全新的支流也越来越多。全世界的数据量很快就要进入泽字节（ZB）的新时代，估计未来10年将暴增44倍，2020年会达到惊人的35 ZB。这从一个侧面表明，数据容量增长的速度大大超过了硬件技术的发展速度，以至于引发了数据存储和处理的危机。然而，海量数据的危机并不单纯是数据量的爆炸性增长，它还牵涉到数据类型的改变。原来的数据都可以用二维表结构存储在数据库中，如常用的Excel软件所处理的数据（结构化数据）。但是现在更多互联网多媒体应用的出现，使诸如图片、声音和视频等非结构化数据占用了很大空间。例如，现在全球就有无数的数字传感器依附在工业设备、汽车、电表和板条箱上。它们能够测定方位、运动、振动、温度、湿度甚至大气中的化学变化，并具有通信功能。将这些通信传感器与计算智能连接在一起，就形成所谓的物联网。数据不仅变得越来越普遍，而且这股大数据浪潮中的大部分都是一些桀骜不驯的像网页和传感数据流的文字、图像、视频等难以控制的东西。这些非结构化数据通常不是传统数据库的"腹中物"。传统的数据仓库系统、BI、链路挖掘等应用对数据处理的时间要求往往以小时或天为单位。但"大数据"应用突出强调数据处理的实时性。例如：在线个性化推荐、股票交易处理、实时路况信息等数据处理时间要求在分钟甚至秒级。所以，"大数据"是一个涵盖多种技术的概念，简单地说，是指无法在一定时间内用常规软件工具对其内容进行抓取、管理和处理的数据集合。

① 姜奇平:《大数据时代到来》,《互联网周刊》2012年第1期，第1页。

IBM 全球副总裁李实恭表示，信息爆炸让人类的生产力获得解放，云计算、物联网、大数据等新技术让资料变成有用的信息、并且使传输与取得更方便，构筑更聪明的"智能地球"，由此，世界进入第三波科技革命。[①]2012年1月，在瑞士达沃斯举行的世界经济论坛上，大数据是限定的主题之一。该论坛上发表的一份报告——《大数据，大影响》，宣告数据成为一种新型的经济资产，就像货币或者黄金一样。全球技术研究和咨询公司高德纳将大数据技术列入 2012 年对众多公司和组织机构具有战略意义的十大技术与趋势之一，而其他领域的研究，如云计算、下一代分析、内存计算等也都与大数据的研究相辅相成。高德纳公司在其新兴技术成熟度曲线中将大数据技术视为转型技术，这意味着大数据技术将在未来 3—5 年内跻身主流。

综上所述，大数据的特点是海量、非结构化和实时处理。在当今快速变化的社会经济形势面前，把握数据的时效性，是立于不败之地的关键。IBM 将大数据定义为体量（Volume）、多样性（Variety）、速度（Velocity）及由此产生的价值（Value）——"4V"概念（见图 6-1）。

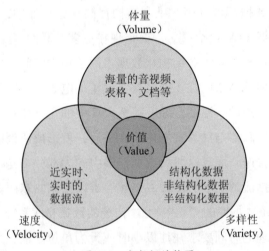

图 6-1　大数据结构图

在"大数据时代"，通过互联网、社交网络、物联网，人们能够及时、全面地获得海量信息。同时，信息自身存在形式的变化与演进，也使得作为信息载体的数据以远超人们想象的速度迅速膨胀。大数据通常与 Hadoop、

---

① 曾仁凯：《科技革命　第 3 波冲云端》，《经济日报》2012 年 7 月 5 日。

NoSQL、数据分析与挖掘、数据仓库、商业智能以及开源云计算架构等诸多热点话题联系在一起。毋庸置疑，大数据是继互联网、云计算、物联网之后IT行业又一次翻天覆地的技术变革。

根据麦肯锡旗下研究部门麦肯锡全球学会（McKinsey Global Institute）2011年发布的一份报告显示，预计美国需要14万—19万名拥有"深度分析"专长的工作者以及150万名更加精通数据的经理人。

1. 大数据的定义与辨析

继物联网、云计算之后，大数据已迅速成为近期争相传诵的热门科技概念。根据维基百科，大数据是指无法在可承受的时间范围内用常规软件工具进行捕捉、管理、处理的数据集合。从产业角度，常常把这些数据与采集它们的工具、平台、分析系统一起被称为"大数据"。

这里需要区分三个相似又不尽相同的概念：海量数据、商业智能、云计算。

海量数据概念是大数据的子集，通常认为"海量数据+复杂类型数据=大数据"。海量数据主要强调数据量之大，但它们可能只是结构化的数据，那么其处理、分析都很方便，问题只在于增加存储设备、提高存储效率。但大数据通常包含大量的非结构化的数据（包括文档、图片、XML、HTML、图像和音视频信息等）。

商业智能通常是指将企业的现有数据转化为知识，帮助企业进行商务决策，主要聚焦于将数据转化为知识并应用的过程，通常面向结构化数据。大数据则还涉及数据的采集、提取、转化、存储等，且必然要面对非结构化数据。

云计算是指用户通过互联网利用远程的服务器进行计算和存储，是一种计算和存储资源的组织模式，与大数据并非同一类型的概念。但由于云存储必然涉及大数据技术，而大数据技术在云计算模式下更有用武之地，可见云计算与大数据是互为交集的，这使得市场常将这两个概念放在一起讨论。

2. 云信息爆炸时代应运而生

云时代的到来使得数据创造的主体由企业逐渐转向个体，而个体所产生的绝大部分数据为图片、文档、视频等非结构化数据。信息化技术的普及使得企业的更多办公流程得以通过网络实现，由此产生的数据也以非结构化数据为主。用于提取智慧的"大数据"，往往是这些非结构化数据。据英特尔公司万亿级计算研究项目总监吉姆·海德（Jim Held）于2010年5月表示，全球数据的海量增长已经达到当前的存储极限。按照高德纳的预测，文本、电子邮件、图像和音视频等非结构化信息占机构内信息总量的80%以上。如何对巨量、非标准的信息进行有效管理成为IT产业的重要方向，于是大数据技术应运而生。IDC曾于2012年发布亚太ICT十大趋势（依次为"大数据时代"的到来、新型移动企业、企业云服务流程整合、低于100美元的智能手机、基于内容识别的分层定价、个性化云服务等），"'大数据时代'的到来"正位列榜首。

我国贵安新区大数据中心项目总开工面积30万平方米，首期竣工面积10万平方米，已引进企业、商户百余户，横跨文化创意、大数据、大健康、金融服务、商务服务等领域。贵安新区打造的数据资源交换枢纽，形成可容纳200万台服务器的数据中心，与内蒙古形成中国电信南北两大核心节点。贵安新区夏季平均气温22.2℃，全年平均气温14.2℃，大数据中心建设在贵安新区即可节约能耗45万元/日、1.65亿元/年。在当地的三条山脉修筑的200米隧道，其内可容纳12个集装箱、7 200台服务器。作为建设"三中心一枢纽"的核心，贵安新区的第一步是数据存储中心，第二步是数据加工中心，再逐渐将长江沿线省份的数据库都集中到新区。

二、大数据的争夺已全线铺开

1. 全球IT巨头均已部署大数据

全球IT巨头通常会走在技术发展的前沿方向。大数据广阔的市场空间，已吸引包括戴尔易安信、惠普、IBM、微软、甲骨文、思爱普、天睿公司等大公司，它们都先后发布了重量级产品来应对大数据的挑战，应用范围几乎囊括了所有的服务器、数据库、存储设备、企业解决方案等领域。例如：IBM开发了云端大数据分析InfoSphere BigInsights，可使客户机构内部的任何用户均可访问大数据分析功能。云端版的BigInsights既可以分析数据库中的传统结构化数据，也可以分析如文本、视频、音频、图像、社交媒体、点击流、日志文件、天气数据等非结构化数据，帮助决策者根据数据迅速采取行动。目前，IBM大数据管理分析技术正助力全球客户。[①] 布林约尔松（Erik

---

① IBM：《积极推进"大数据"时代革新》，《硅谷》2011年第22期，第116—117页。

Brynjolfsson）教授研究认为，由数据来指导管理正在美国的企业界扩散并开始取得成效。他们研究了179家大型公司后发现，那些采用"数据驱动决策制定"的公司获得的生产力要比通过其他因素进行解释所获得的高出5%—6%。足见大数据已成为各大IT巨头争夺的下一个制高点。表6-1中列出了2010年以来全球IT巨头在大数据领域推出的新产品。根据IDC于2011年12月发布的数据，在移动计算、云服务、社交网络和大数据分析技术上的支出以大约每年18%的速度增长。到2020年，这些技术将至少占到IT支出新增部分的80%。全球IT会不断投资到智能机、平板电脑、移动网络、社交网络和大数据分析等重塑IT行业的技术。按照IDC预计的18%的复合增速，到2020年，大数据的支出将达到2 000亿美元甚至更多。而根据《经济学人》杂志于2010年2月发布的报告，数据管理和分析行业的市场规模超过1 000亿美元，且保持了10%以上的增速。据此测算，2020年的市场规模将达到近2 600亿美元，与IDC的预计基本一致。

表6-1　2010年以来全球IT巨头在大数据领域推出的产品

公司	推出时间	产　品	功　能
戴尔易安信	2010年10月	Greenplum DCA	挖掘商业交易数据并提取有效信息
戴尔易安信	2010年5月	Hadoop 软件工具	非结构数据分析
惠普	2011年6月	Vertica	实时分析超过1 PB 的数据
IBM	2011年6月	Netezza 数据仓库设备	集成了存储、服务器和数据库软件的设备，可进行高密度数据分析
IBM	2011年10月	InfoSphere BigInsights	收集分析非结构化资料
微软	2011年1月	SQL Server PDW 功能	扩展部署数百太字节级别数据的分析解决方案
微软	2011年10月	SQL Azure Hadoop 服务	对大量数据进行分布式处理的软件框架
甲骨文	2011年9月	SuperCluster	高性能数据库集群系统
甲骨文	2011年10月	Big Data	整合及最大限度挖掘企业大数据的

而以自下而上的方式看，根据麦肯锡发布的大数据研究报告，对政府、医疗、制造、零售、通信分五大块来测算。对欧洲的公共管理部门来说，大数据每年有 1 500 亿—3 000 亿欧元的潜在价值——比希腊的 GDP 还高（见图 6-2）；对美国医疗行业来说，大数据每年拥有 3 000 亿美元的潜在价值——比西班牙每年医疗投入两倍还多；生产商可以利用大数据使产品研发、组装成本削减 50%，人力成本削减 7%；利用全球的个人位置信息，每年可以取得 6 000 亿美元的消费者价值；零售商可以利用大数据使经营利润取得 60% 的增长。

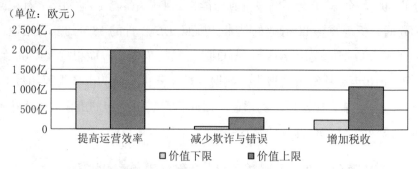

（单位：欧元）

图 6-2　大数据对欧洲公共管理部门的潜在价值达到 1 500 亿—3 000 亿欧元

2. 国内 IT 企业亦已启动

尽管限于产业链位置等原因，国内企业在大数据上的布局尚无法如此全面。不过不少企业也已完成启动，尤其是在相对强势的互联网、网络运营、电信设备等行业。如表 6-2 所示，为工信部物联网"十二五"规划提出的四项关键技术创新工程。

大规模数据处理的代表技术——Hadoop 被很多中国大型互联网公司所追捧。百度搜索的日志分析，腾讯、淘宝和支付宝的数据仓库，都可以看到 Hadoop 的身影。

淘宝公司于 2010 年 4 月推出"数据魔方"应用，基于全网交易数据的分析和挖掘，向卖家提供行业动态热点和市场发展趋势的深度数据服务。淘宝开发的千亿级海量数据库 OceanBase，目前已应用于淘宝收藏夹，用于存储淘宝用户的收藏条目和具体的商品、店铺信息，每天支持 4 000 万—5 000 万的更新操作，每天更新超过 20 亿，更新数据量超过 2.5 TB，并会逐步在淘宝内部推广。

表 6-2　工信部物联网"十二五"规划提出的四项关键技术创新工程

关键技术创新工程	主要技术
信息感知技术	超高频和微波射频识别 微型和智能传感器 位置感知
信息传输技术	无线传感器网络 异构网络融合
信息处理技术	海量数据存储 数据挖掘 图像视频智能分析
信息安全技术	安全体系架构、安全等级保护和安全测评等

数据来源：工信部、国泰君安证券。

3. 产业链梳理与投资价值判断

我们以数据为线索，将产业链划分为数据获取、数据存储、数据处理与分析、数据应用四个环节，并从产品类型维度，以硬件、软件、服务三个方面来列出每个环节所需的 IT 产品（见图 6-3）。

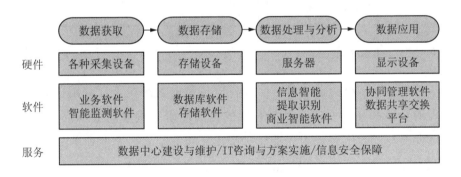

数据来源：国泰君安证券。

图 6-3　大数据产业链示意图

三、大数据应用

1997 年，IBM 的超级计算机"深蓝"在六番棋中战胜了国际象棋的世界冠军。这告诉人类，基于大量数据的分析、计算结果，有时会比所谓的人类智慧更为可靠。随着计算机性能的迅速提升与云计算模式的推广，高性能的数据分析计算已不再高高在上的"深蓝",已可广泛应用至企业、政府与个人（见表6-3）。另一方面，随着现代社会发展节奏的加快，各种竞争日趋激烈，企业、政府与个人均需要数据的助力，来帮助其规划、分析、决策、管理。如科学、体育、广告及公共卫生等其他领域，也有类似的需求——数据驱动发现和决策的趋势。哈佛大学量化社会科学研究所主任加里·金（Gary King）说："我们的确正在起航。不过，在庞大的新数据来源的支持下，量化的前进步伐将会覆盖学术、商业和政府领域，没有一个领域可以避免被触及。"

表6-3　大数据在企业、政府、个人领域的应用范围

企业	量化研发 知识库管理 智能设备研发	精细生产 供应链管理 提高管理效率	精准营销 优化定价	商业决策 制定参考
政府	知识库管理	提高管理效率 危机灾难预警 发现弱势群体 打击违法犯罪	界定税收对象 优化税率	政策法规 制定参考
个人	知识技能学习	社交管理 购物参考	求职	

数据来源：国泰君安证券整理。

以企业为例：对企业来说，全球供应过剩的大环境下，营销拓展、成本管理的竞争都在加剧，产品复杂度的提高使研发难度与成本都在加大，跨地域发展与产业链延伸对企业管理提出了更高要求。企业业务分析洞察（Business Analytics and Optimization，BAO），是与云计算、智慧的城市、智慧商务、移动互联并列的五大企业成长抓手之一。业务分析洞察整合了软件、硬件、咨询服务、研究等各领域最前沿的技能和资产，能够帮助企业通过分析优化业务流程，驱动更快、更智慧的决策和行动——全力打造"智能企业"，最终实现智能、高利润的成长。大数据可支持企业量化研发、知识库管理、智能设备研发、精细生产、供应链管理、提高管理效率、精准营销、优化定价、商业决策制定参考等多种方式保持竞争力。根据IDC及《经济学人》的预测，到2020年，大数据在企业、政府与个人领域的支出都将达到

2 000亿美元以上。如图6-4所示，为麦肯锡对美国多个行业给出的大数据价值潜力指数。大数据的预测能力也正在公共卫生、经济发展及经济预测等领域有获得成功的希望。研究人员已发现，在谷歌搜索请求中，诸如"流感症状"和"流感治疗"等关键词出现的高峰要比一个地区医院急诊室流感患者增加出现的时间早两三个星期（而急诊室的报告往往要比网页浏览慢两个星期左右）。

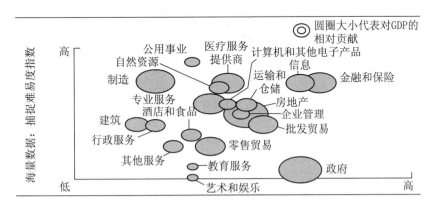

数据来源：麦肯锡。

图6-4　美国各行业大数据价值潜力指数

在硬件和软件领域都拥有扎实的积累（见图6-5），早在大数据概念火热起来之前，美国信息技术产业在大数据领域就已经有了很多技术积累，这使得美国的大型信息技术企业可以迅速转型为大数据企业，从而推动整个大数据产业在美国的发展壮大。

大多数国内企业，在大型设备与基础软件方面尚无法与全球IT巨头匹敌。不过，在应用软件、IT服务的多个细分领域，国内企业已积累了客户基础与行业、项目经验，有望借大数据的兴起而获得增长助力。我们认为，与大数据相关的国内公司可以从以下几条线索来看：数据处理与分析环节，包括综合处理的拓尔思、美亚柏科，主攻语音识别的科大讯飞，主攻视频识别的海康威视、大华股份、华平股份、中威电子、国腾电子，从事商业智能软件的久其软件、用友软件；服务环节，从事数据中心建设与维护的天玑科技、银信科技、荣之联等，从事IT咨询与方案实施的汉得信息，从事信息安全的

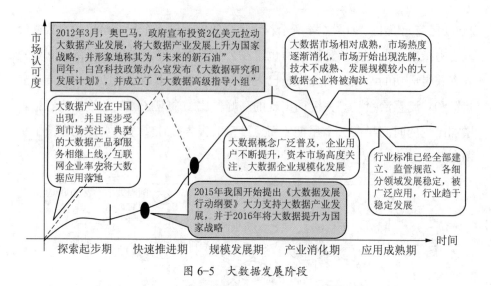

图 6-5 大数据发展阶段

卫士通、启明星辰（见表 6-4）。当然，大数据带来的成长很可能不能在短期兑现，以上公司均需关注其主业的发展态势与当前估值。

表 6-4 大数据产业链相关国内公司

产业链环节	细分行业	国内公司
数据获取	业务软件	恒生电子、卫宁软件、四维图新、石基信息
	采集设备	远望谷、汉威电子、航天信息、新北洋
数据处理与分析	非结构化信息综合处理	拓尔思、美亚柏科
	语音智能识别	科大讯飞
	视频智能识别	海康威视、大华股份、华平股份、中威电子、国腾电子
	商业智能软件	久其软件、用友软件
数据应用	显示设备	威创股份
	协同管理软件	榕基软件
服务	数据中心建设与维护	天玑科技、银信科技、荣之联、太极股份、华胜天成、东华软件
	IT 咨询与方案实施	汉得信息
	信息安全	卫士通、启明星辰

贵州国家大数据（贵州）综合试验区批复建设以来，贵州率先在大数据制度创新、数据共享开放、数据中心整合、创新应用、产业集聚发展、数据资

源流通与交易、国际交流合作等七个领域先行先试，取得了较为显著的成效。2015 年，我国大数据市场规模为 1 692 亿元（由于大数据是新兴产业，统计口径没有标准，市场上对于大数据规模的统计数据各有不同，此处据贵阳大数据交易所数据进行讨论），占全球市场大数据总规模的 20.30%，仍有增长空间。预计 2020 年，全球大数据市场规模将超过 10 270 亿美元，我国大数据市场规模将接近 13 625 亿元。[①]

上海大数据展示中心囊括了市政、金融、教育、医疗、企业、交通、公共安全、社交等各个领域的大量数据。在 2017 年举办的上海静安国际大数据论坛上，上海市经济和信息化委员会表示：上海的三大基础数据库已汇聚 160 万法人单位、2 500 万常住人口和全市空间地理基础信息，形成网上政务大厅等跨部门数据平台；通过政府数据服务网累计向社会开放数据资源 1 200 多项、数据信息数 10 万条。上海数据交易中心日均交易量 3 000 万条。

杭州首条"大数据常规公交"正式运营。2018 年 8 月 24 日，杭州将开通首条"大数据常规公交"——升级版的 345 路。这是杭州首次运用大数据来指导线路规划，在站点设置、线路布置、首末班车时间、潜在客流分析、运营时间等全环节全方位地采用了"互联网+"模式。新 345 路的设站方式是基于大数据计算出来的，精准挖掘沿线"易堵点"，取消了没人上车的站点，对客流大的站点给予多站点分流，极大方便了居民乘车，提高了线路运送效率。首末班时间的调整，解决了以前晚高峰过后乘客无车可乘的尴尬局面。

四、结语

"大数据"的多样性决定了数据采集来源的复杂性，从智能传感器到社交网络数据，从声音图片到在线交易数据，可能性是无穷无尽的。选择正确的数据来源并进行交叉分析可以为企业创造最显著的利益。随着数据源的爆发式增长，数据的多样性成为"大数据"应用亟待解决的问题。IBM 系统与科技部存储产品部大中华区总经理黄建新认为大数据时代主要面临着三方面的挑战："首先，它的数据量非常之大，而且在极速增长；其次，企业或用户对数据的响应速度要求也会越来越快，而最大的挑战是，数据量里面的结构越

---

① 陈加友：《国家大数据（贵州）综合试验区发展研究》，《贵州社会科学》2017 年第 12 期，第 149—155 页。

来越复杂，有大量的非结构化数据……更大的风险在于当基础设施存储系统不能应对刚才所谈到的大数据带来的挑战时，你就会出现很多的问题，包括效能很低、不灵活，没有办法动态地应对这些变化，再就是管理会越来越复杂。"大数据所带来的风险，最终都会变成企业业务的风险，企业商机与数据价值的风险。为此，IBM 提出新的存储战略，"智慧存储"应该通过规模化地提升存储效率、优化存储性能以及云计算服务简化管理三方面来实现。

在大数据时代，无论是企业还是厂商，策划、规划和思想是核心，与云计算一样，大数据的大内涵，需要有大思维和高规划。正所谓，数据之道，智取未来。

第七章 物联网和人工智能

一、"人工智能"的起源和发展史

说到人工智能，我们还要追溯到公元前三百多年的伟人——古希腊伟大的哲学家、思想家亚里士多德（前384—前322），他的主要贡献是为形式逻辑奠定了基础。英国数学家艾伦·图灵（1912—1954），于1936年提出了一种理想计算机的数学模型（图灵机），于1950年提出了图灵试验、发表了"计算机与智能"的论文。以他名字命名的图灵奖被喻为计算机界的诺贝尔奖，姚期智是第一位获此奖的亚裔科学家。

20世纪50年代，人工智能兴起；60年代末到70年代，专家系统出现，DENDRAL系统、MYCIN系统、PROSPECTIOR系统和Hearsay-II系统等专家系统的研究和开发，将人工智能引向了实用化；80年代，随着第五代计算机的研制，形成了一股研究人工智能的热潮。1981年10月，中国人工智能学会（CAAI）在长沙成立，秦元勋当选第一任理事长。国防科工委于1984年召开了全国智能计算机及其系统学术讨论会，1985年又召开了全国首届第五代计算机学术研讨会，1986年起把智能计算机系统、智能机器人和智能信息处理等重大项目列入国家高技术研究发展计划（863计划）。1987年7月，《人工智能及其应用》在清华大学出版社公开出版，成为国内首部具有自主知识产权的人工智能专著。20世纪90年代，人工智能出现新的研究高潮。由于网络技术特别是国际互联网技术的发展，人工智能开始由单个智能主体研究转向基于网络环境下的分布式人工智能研究。1993 年起，智能控制和智能自动化等项目被列入我国国家科技攀登计划。进入 21 世纪后，更多的人工智能与智能系统研究课题获得国家自然科学基金重点和重大项目、国家高技术研究发展计划（863 计划）和国家重点基础研究发展计划（973 计划）项目、科技部科技攻关项目、工信部重大项目等各种国家基金计划支持，并与中国国民经济和科技发展的重大需求相结合，力求为国家作出更大贡献。2016 年 5 月，国家发改委和科技部等四部门联合印发了《"互联网 +"人工智能三年行动实施方案》。

继 1997 年 IBM 计算机"深蓝"第一次在国际象棋领域打败人类的顶尖选手后，2017 年 1 月 3 日，谷歌的人工智能"阿尔法围棋"（AlphaGo）的升级版"大师"（Master）又击败了当时世界排名第一的柯洁，至此，"大师"已经斩获 50 连胜，击败了 15 位世界冠军。2017 年 1 月 4 日，"大师"继续在野狐围棋网上挑战人类顶尖高手，中国棋圣、64 岁的聂卫平出战。最终聂卫平以七目半的较大劣势落败。围棋是当今计算量最大、对智力水平要求最高的体育项目。以计算量来看，国际象棋最大只有 2^{155} 种局面，反观围棋则多达 3^{361} 种局面，接近于 10^{170}。围棋作为人工智能技术发展之路的一座里程碑，标志了人工智能进入更加广阔的领域和更加通用的阶段。2016 年，正值"人工智能"这个概念被提出五十周年之际，"人工智能"取代去年流行的"大数据"，掀起了一波潮流。

近三十年来，它获得了迅速的发展，在很多学科领域都获得了广泛应用，并取得了丰硕的成果，人工智能已逐步成为一个独立的分支，无论在理论和实践上都已自成体系。2017 年，人工智能首现政府工作报告，报告中提到：要加快人工智能等技术研发和转化，做大做强产业集群。目前，中美两国在人工智能领域处于领先地位。2019 年初，全球知名创投研究机构 CB Insights 发布了最新的全球"人工智能独角兽公司"名单，共计 32 家。其中来自美国和中国的最多，美国有 17 家，中国有 10 家。

2017 年 11 月 15 日，科技部召开新一代人工智能发展规划暨重大科技项目启动会，标志着新一代人工智能发展规划和重大科技项目进入全面启动实施阶段。新一代人工智能发展规划推进办公室宣布成立，新一代人工智能战略咨询委员会宣布成立。据报道，包括图像和语音数据在内的数据分析及应用有关的 AI 软件、设备等 AI 产业的国内市场规模到 2020 年，将扩大至原来的 2 倍以上，达到 1 500 亿元，到 2030 年提高至 10 000 亿元。据 2018 年 8 月 23 日中国国际智能产业博览会专家估计，包括自动驾驶、机器人、医疗和物流等在内，AI 相关产业的市场规模在 2030 年将达到 100 000 亿元。

人工智能是研究、开发用于模拟、延伸和扩展人类智能（如学习、推理、思考、规划等）的理论、方法、技术及应用系统的一门新的技术科学，是对人的意识、思维的信息过程的模拟。人工智能将涉及计算机科学、心理学、哲学和语言学等学科，可以说包括自然科学和社会科学的几乎所有学科，其范围已远远超出了计算机科学的范畴。人工智能与思维科学的关系是实践和理论的关系，人工智能处于思维科学的技术应用层次，是它的一个应用分支。

人工智能可以分成三个阶段：弱人工智能、强人工智能和超人工智能。目前，我们处在弱人工智能阶段。IBM 预言有可能改变未来的四种技术（智能家居、AI 医生、关护机器人及自动驾驶汽车）和五大新兴产业（AI 将从语言中探测人们精神健康、超成像和 AI 将带来超级视力、巨视显微镜、芯片医学实验室中以纳米级追踪疾病及智能传感器以光速监测环境污染）大多与 AI 有关。

二、人工智能定义

人工智能是计算机科学的一个分支，20 世纪 70 年代以来被称为世界三大尖端技术之一（空间技术、能源技术、人工智能），也被认为是 21 世纪三大尖端技术（基因工程、纳米科学、人工智能）之一。它企图了解智能的实质，并生产出一种新的与人类智能反应方式相似的智能机器。人工智能是研究、开发用于模拟、延伸和扩展人的智能（如学习、推理、思考、规划等）的理论、方法、技术及应用系统的一门新的技术科学，是对人的意识、思维的信息过程的模拟。人工智能将涉及计算机科学、心理学、哲学和语言学等学科。可以说几乎包括自然科学和社会科学的所有学科，其范围已远远超出了计算机科学的范畴，人工智能与思维科学的关系是实践和理论的关系，人工智能是处于思维科学的技术应用层次，是它的一个应用分支。

人工智能是研究使计算机来模拟人的某些思维过程和智能行为（如学习、推理、思考、规划等）的学科，期望制造达到人脑智能的计算机，使计算机能实现更高层次的应用，使机器能够胜任一些通常需要人类智能才能够完成的复杂工作。人工智能涵盖了多门学科，它由不同的领域组成，如机器学习、计算机视觉等。人工智能可以分为两部分，即"人工"和"智能"。"人工系统"就是通常意义下的人工系统。"智能"涉及其他诸如意识、自我、思维（包括无意识的思维）等问题。在AI时代，软件和硬件的结合越来越紧密了。

三、人工智能技术研究应用领域

人工智能是一门自然科学和社会科学的交叉学科，还涉及哲学和认知科学、数学、神经生理学、心理学、计算机科学、信息论、控制论，甚至会关联到自动化、仿生学、生物学、数理逻辑、语言学和医学等多门学科。

人工智能技术（机器学习算法）擅长在海量数据中寻找"隐藏"的因果关系，能够快速处理科研中的结构化数据，因此得到了科研工作者的广泛关注。人工智能在材料、化学、物理等领域的研究上展现出巨大优势，正在引领基础科研的"后现代化"。

人工智能技术研究领域有虚拟现实技术与应用、人工增强现实技术与应用、智能机器人、模式识别与智能系统、系统仿真技术与应用、工业过程建模与智能控制、智能计算与机器博弈、人工智能理论、语音识别与合成、机器翻译、图像处理与计算机视觉、计算机感知、计算机神经网络、知识发现与机器学习、建筑智能化技术与应用等，还可包括自然语言处理、知识表现、智能搜索、推理、规划、机器学习、知识获取、组合调度问题、逻辑程序设计软计算、不精确和不确定的管理、人工生命、神经网络、复杂系统和遗传算法等。

目前，人工智能技术已经在以下一些领域取得了实际应用：机器视觉、指纹识别、人脸识别、视网膜识别、虹膜识别、掌纹识别、专家系统、自动规划、智能搜索、人机博弈、自动程序设计、智能控制自动程序设计、智能控制、机器人学、语言和图像理解、遗传编程等。

目前，较热门的人工智能研究领域包括虚拟现实技术与应用①、增强现实技术与应用、模式识别与智能系统、智能机器人、工业过程建模与智能控制、智能计算与机器博弈、语音识别与合成、机器翻译、图像处理与计算机视觉、计算机感知和计算机神经网络等。

我国工业和信息化部于 2017 年 9 月 14 日发布《促进新一代人工智能产业发展三年行动计划（2018—2020）》，明确提出着重在以下八个领域应率先取得突破：智能网联汽车、智能服务机器人、智能无人机、医疗影像辅助诊断系统、视频图像身份识别系统、智能语言交互系统、智能翻译系统和智能家居产品。由中国人工智能学会、国家工业信息安全发展研究中心等联合发布的《2018 人工智能产业创新评估白皮书》结合了人工智能细分技术的发展和应用水平，聚集语音交互、文本处理、计算机视觉和深度学习四项使能技术以及交通、医疗、制造、安防、零售等八大重点应用场景，对人工智能产业创新水平进行了客观的评价。人工智能深度学习技术的发展，推动以语音交互、文本处理、计算机视觉为代表的人工智能快速发展，并在多个场景迅速落地。

1. 虚拟现实技术

虚拟现实（VR）可应用于工业工程、房地产、线下体验馆、旅游、医疗健身、博物馆、零售、娱乐直播、飞机设计、驾驶员培训、地产漫游、虚拟样板间、网上看房（如租售环境、空间布置、室内设计）、场馆仿真等。它能让相隔万里的人坐在你面前与你促膝长谈，也能让你坐在沙发上周游世界，游览你从未去过也没可能去的地方，如撒哈拉沙漠、马里亚纳海沟、月球、火星等。你甚至能在自己的屋子里近距离观摩火山喷发，去火星上走一圈。以真实的旅游景观为模型，VR 制作团队可设计再现现实大小的景区景点、酒店、度假区或主题公园、古墓探险、地心历险、太空旅行、时空穿越等逼真的虚拟现实场景，引领全新的旅游营销模式，同时使体验者不仅可以感受到自然景观与人文景观的"现实感"可视化效果，还能享受到全景相机或视频无法比拟的多样交互体验。

通过 VR 技术搭建购物平台，可以 100% 还原真实购物场景。也就是说，

---

① 虚拟现实技术是否列入人工智能有不同观点。

身在家中，戴上 VR 眼镜，就可以选择去逛纽约第五大道，也可以选择英国复古集市。人工智能可以对接所有场景，实现"所见即所得、所说即所得、所想即所得"，让用户身临其境地购物。"试衣魔镜"则是通过红外感应技术以捕捉人的轮廓和并通过手势控制技术进行触点选择，根据人距离的远近和身材将衣服贴合地"穿"在身上，让游客们在逛商店的同时体验互动。通过"魔镜"，不需要脱衣就可以完成衣服的试穿和选择，实现 VR 三维试衣。虚拟造型和可视化应用还可让消费者只需上传一张照片，就能在自己的脸上虚拟试用某个品牌的唇膏、唇彩、眼影、睫毛膏和粉底产品。该应用的功能还包括虚拟试戴明星发型、尝试不同发色以及从可选的隐形眼镜色调中改变眼睛的颜色。

VR 技术可为博物馆、科技馆、美术馆、规划馆、纪念馆、主题馆、企业馆等建立一站式虚拟现实解决方案：结合三维实时场景、文字、录音解说、虚拟漫游等多种方式，全方位展示博物馆的建筑特点、藏品细节、文化精髓和内涵展示等。现实世界里，去博物馆总被提醒只能看，而不能触碰。VR 博物馆中，体验者则拥有更多交互的选择，近距离触摸一下著名画作、把玩一下古董花瓶、试穿一下皇族服饰或者在 VR 动物园中和狮子老虎等凶猛的保护动物体验共处一室的刺激。

用于医学院学生实习的 VR 虚拟解剖台，能模拟出一个完整的人体内部 3D 图像。它的数据来源于磁共振成像（MRI）和 CT 成像数据，然后通过机器处理，这些数据将从 2D 的平面图转变成真实感极强的 VR 图像。瑞典一家公司用 VR 技术研制了一个专门用于医生培训的模拟人，如今已经可以预先对模拟病人进行编程，使其对复杂病情进行反应，这种新的模拟人可以模拟婴儿、孕妇、脑中风及骨折患者。2015 年，美国路易斯维尔大学的精神病专家首次利用 VR 技术来帮助患者克服恐惧，为幽闭症患者创造一个可控的模拟环境，使患者可以打破逃避心理、面对他的恐惧。

2016 年 11 月 30 日，广州发起了"虚拟现实医院计划"。据"虚拟现实医院计划"首席科学家、中国工程院院士钟世镇介绍，中国的"数字化虚拟人"将分三个阶段实施：第一阶段是高质量人体几何图像采集和计算机三维重构，完成基本形态学基础上的几何数字化虚拟人。目前，我国已经成功构建了男女解剖虚拟人数据库。第二阶段是物理虚拟人，即在几何虚拟人的基础上附加人体各种组织的物理学信息，比如强度、抗拉伸系数等。第三阶段为生理虚拟人，这是数字虚拟人研究的最终目标，可以反映生长发育、新陈代谢、重现生理病理的有关规律性演变。

将要设计或改建的建筑的虚拟现实 3D 模型导入手机中，以展示给客户评判、修改。这种尝试是目前设计、建筑和营销行业技术进步的缩影。使用目前低成本的移动 VR 来展示设计效果，可以比以往的二维效果更好地满足用户的需求。

2. 增强现实技术

增强现实（AR），也被称之为混合现实，主要采用多媒体和三维建模以及场景融合等新技术、新手段，将虚拟的信息应用到真实世界，真实的环境和虚拟的物体被实时叠加到了同一个画面或空间同时存在。增强现实系统可以立即识别出人们看到的事物，并且检索、显示与该景象相关的数据。增强现实中，用户看到的场景和人物一部分是真、一部分是假，是把虚拟的信息带入到现实世界中。例如：美国谷歌公司推出的人工智能眼镜——谷歌眼镜，用户利用 AR 技术的谷歌眼镜，可在空中或水下任何地方拍摄视频，外科医生可以看到叠加的手术前扫描图像以方便地知道肿瘤所在的确切位置，自由行旅游时可以方便地成为你的私人导游等，等等。又如：2017 年 1 月 16 日，在西直门地铁站出发的地铁 2 号线列车上，曾通过增强现实技术复原老北京九大城门，利用 100 年前的老照片"唤醒"城市记忆，再现了老北京当年的民俗生活。

增强现实系统具有三个突出的特点：①真实世界和虚拟世界的信息集成；②具有实时交互性；③在三维尺度空间中增添定位虚拟物体。AR 技术可广泛应用到军事、医疗、建筑、教育、工程、影视、娱乐等领域。AR 技术在人工智能、CAD、图形仿真、虚拟通信、遥感、娱乐、模拟训练等许多领域带来了革命性的变化。

AR 技术不仅在与 VR 技术相类似的领域（诸如尖端武器、飞行器的研制与开发、数据模型的可视化、虚拟训练、娱乐与艺术等）具有广泛的应用，而且由于能够对真实环境进行增强显示输出的特性，在医疗研究与解剖训练、精密仪器制造和维修、军用飞机导航、工程设计和远程机器人控制等领域，具有比 VR 技术更加明显的优势。在医疗领域，医生可以利用增强现实技术，轻易地进行手术部位的精确定位。在军事领域，部队可以利用增强现实技术，进行方位的识别，获得实时所在地点的地理数据等重要军事数据，例如，利用 AR 技术显示建筑物另一侧的入口，让士兵可以转移到敌人看不到的地方。在古迹复原和数字化文化遗产保护方面，文化古迹的信息以增强现实的方式提供给参观者，参观者不仅可以看到古迹的文字解说，还能看到遗址上残缺部分的虚拟重构。游客在参观古战场时，想象自己行走在战场上，并且在头戴式增强现实显示器上看到重现的历史事件达到全景式的身临其境感。在工业维修领域，可通过头盔式显示器将多种辅助信息显示给用户，包括虚拟仪表的面板、被维修设备的内部结构、被维修设备零件图等。在网络视频通信领域，该系统使用增强现实和人脸跟踪技术，于通话同时在通话者的面部实时叠加如帽子、眼镜等虚拟物体，很大程度上可提高视频对话的趣味性。在电视转播领域，通过增强现实技术，可以在转播体育比赛的时候实时地将辅助信息叠加到画面中，使得观众可以得到更多的信息。在娱乐、游戏领域，增强现实游戏可以让位于全球不同地点的玩家，共同进入一个真实的自然场景，以虚拟替身的形式，进行网络对战。在旅游、展览领域，人们在浏览、参观的同时，通过增强现实技术将接收到途经建筑的相关资料，观看展品的相关数据资料。在市政建设规划领域，采用增强现实技术将规划效果叠加真实场景中以直接获得规划的效果。

3. 生物识别技术

在当今世界，已有声纹识别、指纹识别、面部识别、虹膜识别和手脉识别等多种生物识别系统。其中，声纹识别的错误率最高，面部识别的错误率为万分之一，指纹识别的错误率是十万分之一，虹膜识别的错误率则是亿分之一，手脉识别出错概率为一千亿分之一。虹膜识别需要检测虹膜内的斑点、管状、细丝等纹理信息，比对"特征点"，虹膜识别可识别出多达 266 个特征点，而指纹识别只有 40 个。手脉识别通过手相和手掌静脉分布进行确认的技术，提高认证的精确度。日本大型信用卡公司 JCB 开发出手脉识别功能，先用智能手机拍下手掌照片完成登录，付款时只须扫描手掌，便可完成身份认证并以信用卡付款，无须再出示信用卡和智能手机，商家也不用安装专用终端机。

4. 智能机器人

机器人是自动执行工作的机器装置，是集机械、电子、控制、计算机、传感器、人工智能等多学科先进技术于一体的现代制造业重要的自动化装备。机器人是人工智能的一个重要领域，是 20 世纪的重大发明之一。机器人学的进步和应用是 20 世纪自动控制最有说服力的成就，是当代最高意义上的自动化。据预测，21 世纪将是机器人技术革命的世纪，机器人作为全面延伸和扩展人类体力和智力的方式，在未来 20—50 年内，将逐步走入人类的日常生活，彻底改变这个时代的生活方式。

机器人按照技术发展水平分可分为三代：第一代机器人是可编程机器人；第二代机器人是"示教再现"型机器人；第三代机器人被称为"智能机器人"，具有发现问题并自主地解决问题的能力。智能机器人是以人工智能决定其行动的机器人。智能机器人按智能程度又可分为初级智能机器人、高级智能机器人。我国从应用环境出发，将机器人分为两大类，即工业机器人和特种机器人。特种机器人是除工业机器人以外用于非制造业并服务人类的各种先进机器人，包括服务机器人、水下机器人、娱乐机器人、军用机器人、医用机器人、农业机器人、机器人化机器等。

（1）工业机器人

智能制造在现代生产中集成各种高技术产品，包括机器人、物流系统、智能传感系统、控制系统、计算机控制软件等高技术，实现在现代制造中将劳动者从简单重复的劳动中解放出来的目的。工业机器人是智能制造的先导技术，工业机器人的规模化应用是实现智能制造的基础。

统计数据表明，自 2010 年开始，我国机器人需求量进入高速增长期。迄今，中国已经连续三年成为全球工业机器人销量最大的国家。但是，我国机器人应用市场的成长空间依然巨大。尽管过去五年我国工业机器人销量增长迅速，但从使用密度（每万名工人对应工业机器人数量）和应用比例等指标仍然较低：截至 2015 年，中国工业机器人的使用密度仅为 49 台 / 万人，国际平均水平为 69 台 / 万人。横向对比，韩国是全球工业机器人使用密度最高的国家，每一万名工人中拥有工业机器人数量 531 台，日本为 305 台 / 万人，德国为 301 台 / 万人。从行业分布看，截至 2015 年，我国汽车行业机器人使用密度最高，达到 392 台 / 万人，汽车制造工厂中以焊接机器人、装配机器人为主。其他领域，如电子电器业为 11 台 / 万人，化工业为 20 台 / 万人，塑料橡胶业为 25 台 / 万人，金属制品业为 21 台 / 万人。全球主要行业对工业机器人的需求分布，如图 7-1 所示；其应用类型与比例，如图 7-2 所示。2016 年 4 月，工业和信息化部、国家发展和改革委员会、财政部联合印发了《机器人产业发展规划（2016—2020 年）》，为"十三五"期间我国机器人产业发展描绘了清晰的蓝图。其中明确，到 2020 年，自主品牌工业机器人年产量达到 10 万台，六轴及以上工业机器人年产量达到 5 万台以上。

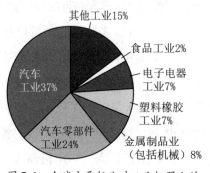

图 7-1　全球主要行业对工业机器人的需求分布

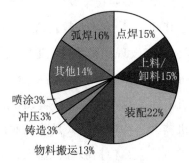

图 7-2　世界各国工业机器人应用类型与比例

人机协作机器人具有高度的灵活性和准确性，正在逐渐取代传统机器人。据国际机器人联盟预测，到 2020 年，全球工业机器人的销量将比 2016 年增长 77%。人机协作机器人作为人类的得力伙伴，协助人类在汽车、电子等行业完成工作，凭借其灵活、智能的特点，连倒咖啡、做棉花糖这样的细致活也不在话下。人机协作机器人能应用在工厂生产作业中并取代部分人力，以单一 CPU 控制实现互相搭配，从而流畅而精准地达成更困难、更精细的工作，比如组装智能手机。

（2）服务机器人

服务机器人一般分个人机器人和专用服务机器人两大类。前者包括家庭事务机器人、教育娱乐机器人、医疗机器人和保安机器人；后者包括防御和保卫机器人、矿场／农场机器人、水下机器人、建筑机器人、专业医疗机器人、物流机器人、维修机器人等。

根据国际机器人联盟（IFR）的分类，服务机器人亦分为个人／家用机器人和专业服务机器人两大类，其中个人／家用机器人则主要包括家务机器人、养老／亲子机器人、教育娱乐机器人和残障辅助机器人，而专业服务领域应用最广的四大类别为医疗机器人、场地机器人、国防应用机器人和物流机器人。

按照国际机器人联盟的定义，服务机器人是指除从事工业生产以外的一大类半自主或全自主工作的机器人。近年来，服务机器人行业市场规模不断增长，从 2010 年的 39.64 亿美元增长到 2016 年的 74.5 亿美元，年均复合增速 11.14%。据智研咨询发布的《2017—2023 年中国服务机器人市场全景调查及未来前景预测报告》：目前，全球有 20 多个国家涉足服务机器人的研发和生产，并诞生了类似达·芬奇手术机器人这样革命性的商业化产品。随着技术进步、老龄化趋势和劳动力不足等因素的影响，服务机器人进一步得到深入推动，服务机器人产业将进入快速成长期。

（3）智能机器人在各领域应用实例

A. 医用机器人

医用机器人领域的研究内容包括医疗外科的规划与仿真、机器人辅助外科手术、最小损伤外科、临场感外科手术等。美国已开展临场感外科的研究，用于战场模拟、手术培训、解剖教学等。法、英、意、德等欧洲国家联合开展了"图像引导外科"计划。2008 年 6 月，在伦敦进行的一次肝移植手术中，机器人就派上了用场。美国加利福尼亚州大学圣迭戈分校正在研制一种可用于摧毁肿瘤细胞的微型机器人"纳米蠕虫"，其长度相当于蚯蚓长度的三百万分之一，它能如巡航导弹一般在人体内自由游动，寻找和发现肿瘤细胞，并给予致命一击。以色列研制的 PillCam 胶囊内窥镜解决了传统的胃镜、结肠镜所不能解决的问题，填补了全小肠可视性检查的空白，开创了消化道无线内窥镜诊断的新纪元。检查者仅须吞下普通药丸大小的装置，即可完成无痛胃肠检查。其图像信号经无线发射器传送到阵列传感器，并储存在记录仪中。胶囊内窥镜的电池能供电 8 小时，整个检查过程可获得约 50 000 幅图像资料。

B. 机器人汽车

2018 年 6 月 29 日，上汽集团推出国内"最聪明卡车"——互联网轻卡。它具备七种智能网联应用，其中包括率先智能驾驶应用、行业领先智能温控系统、智能化货车专用导航、智能化安全配置、售后网点智能推荐、运营报表智能生成及智能驾驶行为提醒等。

C. 仿人机器人

2015 年 7 月 15 日，日本佐世保的一家酒店由精通多种语言的仿人机器人作为前台迎接顾客，其他机器人完成上餐以及清洁等工作。该酒店的房门则通过人脸识别技术开门。

日本本田公司研制的仿人机器人 ASIMO，是目前世界上唯一能够爬楼梯、慢速奔跑的双足机器人。ASIMO 身高 1.2 米，体重 52 千克，行走速度为 0—1.6 千米 / 时。利用其身上安装的传感器，该机器人拥有 360° 全方位感应能力，可以辨识出附近的人和物体。日本机器人公司曾推出有着模特一样漂亮的外表、发色金黄的"美女机器人"。"她"身着白色晚礼服，可手持话筒唱起《泰坦尼克号》主题曲，唱到兴起还半闭眼睛，一副陶醉模样。日本一家科技公司甚至推出定制机器复制人服务，顾客只要提供自己的相片，他们就会制作一个和客户长得几乎一模一样的机器人版玩具。无论是眼神，还是笑起来的表情，都惟妙惟肖，甚至连讲话声音都可以模仿。

D. 家用机器人

2004 年 12 月 8 日，日本三洋公司与研制机器人技术著称的天目时科公司在东京联手推出一种名为 Roborior 的家用机器人。这种多功能机器人，配置有感应器与照相机，不仅能用于内部照明，还能够探测房子内的异常情况，若有不明闯入者、噪声、气味、温度等，能及时通过移动电话向主人汇报。2005 年 12 月，日本推出的一种名叫"若丸"的家用机器人。这个高约 0.9 米的黄色机器人，不仅能为你看家护院，还能帮你打理生活琐事，价格 1.4 万美元。据报道，日本丰田推出的机器人保姆，可同人类一起生活，可承担接待客人、看护孩子和帮助照顾老人等工作，还可以从事与访客交谈、招待客人喝饮料、打听客人喜好等。为防止老人"孤独死"发生，日本相关部门在宫城县临时住宅中安排了一批家用机器人进驻，这批机器人包括了能帮助老人

116

走路、解闷、消解孤独感等功能。其中，一款带摄像头的"人型"机器人能读懂对方表情，做出点头微笑等动作。

谷歌宣布将为呼叫中心提供机器人技术，同时还为其云客户提供了大量其他机器学习工具。企业可以使用谷歌的工具，即 AI 呼叫中心，将一个电话号码附加到一个可以接听电话的虚拟助理上。该技术是一种基于云的语音聊天机器人工具。德国慕尼黑再保险集团公司的旗下子公司，一直在使用聊天机器人技术，自动化减少了大约 30% 的客户服务咨询并节省了资金。聊天机器人的目标都是向患者保证有足够的信息让他们远离成本相对较高（而且往往工作过度）的人类医生。

E. 空间机器人

目前，各国都已研制出空间机器人，用于月球和太空探索。例如：美国利用"发现"号航天飞机于 2011 年 2 月 25 日凌晨向国际空间站运送全球首个人形太空机器人"机器宇航员 2 号"，以检测在失去地心引力以及完全暴露在辐射环境下这个类人机器人的性能是否会受到影响。它将在国际空间站完成一系列测试工作。直至 2020 年以后的某个时间点，它将与国际空间站一起完成历史使命，坠落在太平洋。"机器宇航员 2 号"拥有类似人类的灵巧手指，可在未来承担国际空间站的清洁任务，在宇宙空间极冷、极热的条件下为宇航员处理有毒气体泄漏、起火等紧急状况。

"好奇"号火星车是美国国家航空航天局（NASA）第四个火星探测器，是第一辆采用核动力驱动的火星车，其使命是探寻火星上的生命元素。"好奇"号共携带十种不同科学仪器化学与摄像机仪器会发射强激光脉冲，蒸发火星尘土，而后对光谱进行分析；激光诱导击穿光谱技术用于确定极端环境下的物体构成；化学与矿物学分析仪会向样本发射 X 射线，根据 X 射线的衍射确定矿物的晶体结构。

F. 核工业用机器人

核工业用机器人的研究主要集中在机构灵巧、反应快、重量轻、刚度大、便于装卸与维护的高性能伺服手，以及半自主和自主移动机器人，如美国基于机器人的放射性储罐清理系统、加拿大研制的辐射监测与故障诊断系统、德国的 C7 灵巧手等。2011 年 4 月 17 日，美国研制的核工业机器人首次进入福岛第一核电站测量辐射数据。

G. 微型仿生机器人

微型仿生机器人的研究包括机构仿生、材料仿生、功能仿生、控制仿生和群体仿生等，是20世纪80年代新兴的研究领域。该领域的进展将引起机器人技术的一场革命，其研究对象涉及微型无人机、微型地面侦察机器人、微型医疗机器人、微型加工机器人等。

蜻蜓是非常成功的捕食者，这种长着翅膀的昆虫捕捉目标猎物的成功率超过95%，是大白鲨的两倍，是狮子的四倍。蜻蜓吃蚊子和苍蝇、蜜蜂、蚂蚁及黄蜂等其他小型昆虫，而且偶尔也会捕捉蝴蝶，它们经常会出现在沼泽地、湖泊、池塘、溪流和湿地上空，搜寻捕猎目标。蜻蜓之所以能成为如此高效的猎手，其原因是它一旦确定捕猎对象，就会时刻让猎物保持在它的视线范围内，不断调整飞行路线，并能在采取行动前预测目标物的动向。

美国费斯托公司研制的机器蜻蜓在空中能够像真的蜻蜓一样敏捷地飞行，翼展可达到63厘米，体长达到44厘米，重量为175克。它能够以任何方向飞行，并执行最复杂的飞行策略。该机器人采用四翼碳纤维折叠翅膀，每秒可扇动20次，空中飞行状态犹如在水中游动。

H. 军用机器人无人机

2018年除夕夜，在港珠澳跨海大桥上，从无人艇、无人机到无人驾驶汽车，"海陆空"无人系统联合展演。此次表演中，运用了81艘无人艇：一艘7.5米长的海洋无人艇带领着80条1.6米长的小型无人艇，穿过港珠澳大桥。就在无人艇编队水中集结的同时，由百余辆自动驾驶车跑上港珠澳大桥，并在无人驾驶模式下完成"8"字交叉跑的高难度动作。三百架无人机组成中华白海豚的3D图案跃过大桥的同时，近百艘无人艇穿过大桥。

我国首飞中的"翼龙"II大型察打一体无人机最多可携12枚导弹，性能接近美军"死神"，但性价比更高。"利剑"是我国研制的新一代隐身无人作战飞机，它采用了全隐身设计，隐身性能好，具备较强的突防能力。

I. 无人驾驶智轨列车

2017年10月23日，中国自主研发的长约32米的绿色智轨列车——全球首列智轨列车运行。株洲智轨示范线首期工程采用中国自主研发的"虚拟轨道跟随控制"技术，以车载传感器识别路面虚拟轨道，通过中央控制单元的指令，调整列车牵引、制动、转向的准确性，精准控制列车行驶在既定虚拟轨迹上。智轨列车充电 10 分钟，可续航 25 公里，能根据客流变化调节运力，实行三至五节编组，最大可容纳 300—500 人同时乘坐。其最高车速为每小时 70 公里。

J. 其他领域的应用

作为中国智能语音及人工智能产业领导者，科大讯飞解决了中、英、维、藏四种语言间的交流问题，其核心技术已走出国门、位于世界前列，占有中文语音技术市场 70% 以上的份额。

目前，人工智能的热门研究领域包括智能机器人（AI）、虚拟现实（VR）技术与应用、增强现实（AR）技术与应用、模式识别与智能系统、工业过程建模与智能控制、智能计算与机器博弈、语音识别与合成、机器翻译、图像处理与计算机视觉、计算机感知和计算机神经网络等，无不需要与物联网相连或得到物联网的支持。斯坦福大学人工智能与伦理学教授杰瑞·卡普兰认为，人工智能在自动化作业、自动驾驶，合成智能、执行能力等诸多方面的优势明显大于人类，故使得人工智能应用领域不断扩大。以当今热门的智能制造为例，从 VR 设计、3D 加工、云计算、大数据应用到网络服务各个环节处处离不开物联网，智能制造是物联网重要组成部分，物联网与智能制造是相互依存、密不可分的，而且其联系是越来越紧密的。现在流行这样的说法：物联网好比森林，是平台，而人工智能赋予每颗树木以活力和生命。

四、人工智能是站在物联网基础上的升华

物联网指的是将无处不在的末端设备和设施——包括具备"内在智能"的传感器、移动终端、工业系统、楼控系统、家庭智能设施、视频监控系统等、和"外在使能"的（如贴上射频识别的各种资产携带无线终端的个人与车辆等等"智能化物件或动物"或"智能尘埃"）——通过各种无线有线的长距离、短距离通信网络连接物联网域名实现互联互通、应用大集成，并基于云计算的软件即服务营运等模式，在内网、专网、互联网环境下，采用适当的信息安全保障机制，提供安全可控乃至个性化的管理和服务功能，实现对"万物"的"高效、节能、安全、环保"的"管、控、营"一体化。人工智能既是站在物联网基础上的升华，又比物联网拥有更广泛的应用场景。人工智能是一个更为普适的概念，更准确地说是一种技术或能力，涵盖了语音交互、图像识别、机器学习、自然语言处理、深度学习等领域，适用于消费端和企业端。也就是说，未来人工智能将引发一场涉及企业、个人及生活、商业、社会等各个层面的革命。通过物联网收集海量的数据存储于云平台，再通过大数据分析，甚至更高形式的人工智能为人类的生产活动、生活所需提供更好的服务。这也将是第四次工业革命进化的方向。

第八章　信息安全和个人隐私

一、网络战

（一）谁掌握了信息，控制了网络，谁就拥有整个世界

美国未来科学家阿尔文·托夫勒曾经说过："谁掌握了信息，控制了网络，谁就拥有整个世界。"

作为世界互联网技术的发源地，美国最早提出网络战并组建网络战部队。早在 1993 年，兰德公司的两名研究人员就发表过题为"网络战就要来了"的论文，对网络战概念和作战理念进行了前瞻性的探讨。2002 年 12 月，美国海军率先成立海军网络战司令部，指挥全球范围内大约 7 000 人的海军网络部队。2003 年，一份题为"信息战路线图"的五角大楼秘密报告获得时任国防部长的拉姆斯菲尔德批准。2005 年 3 月，在五角大楼《国防战略报告》中，明确将网络空间定义为和陆、海、空、天同等重要的、需要美国维持决定性优势的第五大空间。2007 年 9 月，美国空军也成立临时网络战司令部，下属 65 个网络战中队。2008 年，五角大楼斥资 300 亿美元建造"国家网络靶场"。建设目标是模拟真实的网络攻防作战环境，针对敌对电子攻击和网络攻击等电子作战手段进行试验，以打赢网络战争。2009 年，奥巴马刚上台不久就下令对美国网络安全状况展开为期 60 天的全面评估，白宫和国防部则为组建网络战司令部而频发指令。2009 年 6 月 23 日，美国国防部正式宣布创建网络战司令部，成为第一个组建此类司令部的国家。这也意味着美国正式将传统

121

的战争空间由真实的陆海空天延伸到虚拟的网络空间，意味着网络战将作为一种国家层面的战争形式走入人类历史[1]。2009年10月，美国成立国土安全部管辖下的"国家网络安全与通信整合中心"，将联邦计算机应急反应小组、国家通信协调中心和国家网络安全中心等几个网络监管职能部门整合在一起。据英国《观察家报》报道，美国军方已任命首位高级将领（新晋升的四星上将基斯·亚历山大）来指挥网络战，这一举动标志着网络空间军事化进入了新的阶段。[2] 就在美国任命网络最高级别军官的数天前，美国空军透露，空军部队中约有3万人已重新得到委派，由技术支持部门转至"网络战前线"。2010年，美国武装部队拥有200多万台计算机和1万多个局域网，其中包括海军网、空军网、陆军网、后勤网、仿真互联网、巡航导弹网、医疗网等170多个重要网络。2018年6月18日，美国总统特朗普突然签署行政命令，指示五角大楼创建美国第六军种——独立的"天军"，成为继陆军、海军、空军、海军陆战队以及海岸警卫队五个军种外的第六军种，通过集中美国空军、海军和其他军事单位各自拥有的太空功能，进而从根本上改变美军结构，"以保持对中俄等战略竞争对手的优势"。

除美国外，世界其他主要大国也纷纷组建网络战部队[3]，英国、日本、俄罗斯、法国、德国、印度、以色列等国家都已建立成编制的网络战部队。早在20世纪90年代，俄罗斯就设立了信息安全委员会，并将信息网络安全与经济安全置于同等重要的位置，还建立了专门的网络战部队。2002年，《俄联邦信息安全学说》推出，将网络信息战比作未来的"第六代战争"。英国早在2001年就秘密组建了一支隶属军情六处、由数百名计算机精英组成的"黑客"部队。2009年6月25日，英国出台首个国家网络安全战略，并宣布成立两个网络安全新部门，即网络安全办公室和网络安全行动中心。日本的重要作战指导思想是通过掌握"制网权"达到瘫痪敌人作战系统的目的。日本在构建网络作战系统中强调"攻守兼备"，拨付大笔经费投入网络硬件及"网战部队"建设，分别建立了"防卫信息通信平台"和"计算机系统通用平台"，

① 魏都：《美国网络战司令部评析》，《国防科技工业》2009年第8期，第44—45页。
② 守磊：《网络战漫谈》，《武器装备》2009年第8期，第45—46页。
③ 奕兵：《网络战正向现实扑来（上）》，《计算机安全》2010年第1期，第1—4页。

实现了自卫队各机关、部队网络系统的相互交流和资源共享。日本防卫厅根据其 2005—2009 年《中期防卫力量发展计划》，已经组建了一支由 5000 名军中计算机专家组成的"网络空间防卫队"，研制开发的网络作战"进攻武器"和网络防御系统，目前已经具备了较强的网络进攻作战实力。

（二）网络战的表现形式

网络战，一种全新的战争样式正在走上战争舞台，并将彻底改变传统战争赤裸裸的血与火的硬对抗火车、汽车由于交通信号灯失灵和信息误导而对开相撞；交易系统被篡改而导致股市崩溃；指挥员与部队失去联系而使命令无法下达；电视台播放的是敌方领导人号召军队发动推翻现政府的政变，全国一片恐慌……这是美国兰德公司假想的未来网络战景象。

不仅处于战争状态的敌对双方大打网络战，平时网络攻防战也激烈频繁。2007 年从 4 月 29 日，黑客们利用僵尸软件，入侵全球数十万台计算机，向爱沙尼亚政府和银行系统所有网站灌满各种垃圾邮件。2009 年 7 月 4 日起，韩国、美国的重要网站频频遭到攻击。美国国务院、国土安全部、国防部、财政部等主要政府机构网站遭到大规模、有组织的网络攻击。从 7 月 7—9 日，韩国国会、总统府、国防部、外交通商部等政府部门和主要银行、媒体网站，接连 3 天遭到 3 轮黑客猛攻，每次攻击持续 24 小时，国防部网站瘫痪，大约 3 万台个人电脑感染恶意代码。在遭到这次大规模网络攻击后，韩国国防部不得不将原计划于 2012 年成立的网络司令部提前到第二年元旦成立。

近几年，美国军方经常进行网络战演习。2006 年进行过有 115 家单位参演的"网络风暴 I"演习，2008 年又举行"网络风暴 II"演习，由美国政府的中情局、国防部、联邦调查局、国家安全局以及宾夕法尼亚州、弗吉尼亚州和特拉华州等 18 个联邦机构，思科、微软、陶氏化学公司、迈克菲公司等 40 家公司以及澳大利亚、新西兰、加拿大和英国等 4 个盟国参加。演习目的就是模拟遭受攻击后，针对各部门各企业的网络漏洞，检验他们的网络应急计划和遭袭击后迅速恢复的能力。

（三）信息战和网络战的概念

目前，威力最为可怕的四类大规模杀伤武器分别是原子武器、生物武器、化学武器和信息武器。网络战是信息武库中一种"基础武器"。但网络具有进入门槛低、防护能力脆弱、技术更新快捷等特点，因而有着更不确定性和复杂性的特征。

信息战又叫指挥控制战或决策战，其一般理解为："对立双方为争夺对手信息的获取权、控制权和使用权而展开的斗争"，"信息战是在现代高技术战场中敌对双方使用信息技术手段、装备、系统实施的作战行动，通过信息武器系统与其他武器系统的综合运用，争夺信息优势并形成未来战略的优势，以达到战争目的的一种新的独特的战争形式"。

信息战的定义是通过利用、改变和瘫痪敌方的信息、信息系统和以计算机为基础的网络，同时保护我方的信息、信息系统和以计算机为基础的网络不被敌方利用、改变和瘫痪，以获取信息优势而采取的各种措施。信息战的通常目标为通信网络、空中交通控制、互联网等。信息战的传统模式（例如反雷达、C3电信干扰、计算机干扰和心理战等）是由技术、测量和干扰组成的、仅具有战术上有限和局部的目标的模式；其进攻的形式一般是独立和孤立的，进攻多半是对传感器技术和操作特性发起的。

今天的信息战与以往不同，它是由某个战略目标所控制的、具有综合性手段的战争，其武器和战略可以是军事和非军事技术（包括军事、政治、经济或其复合）的任何形式结合。它可以延伸到战场以外，可以超越"和平"和"战争"的界限。信息战作为一种战略和非进攻性战术武器可用于破坏敌方军事、政治、经济或综合目标以达到自己的军事目的。一般由信息战元件、综合战略和目标三部分组成。信息战元件主要包括进攻和防御的能力和技术。信息战战略包括情报收集（战前准备、战略意图侦察等）和损伤评估。目标信息包括目标地貌、位置、力量、要害和防卫能力。

"网络战"或"控制战"是信息战的通常形式，网络战争将成为"21世纪的闪电战"，具有突然性、隐蔽性、不对称性和代价低、参与性强等特点。从本质上说，网络战争也是一种传统战争策略的延伸：在战争中获取信息控制权是制胜关键。这包括在指挥、控制、通信、情报和搜索等方面全面超过对手，抢在敌人之前了解敌人、欺骗敌人和发动奇袭。如今美军确立的网络战概念，基本上与这篇论文一脉相承。美军认为，网络战是为干扰、破坏敌方网络信息系统，并保证己方网络信息系统的正常运行而采取的一系列网络攻防行动。

网络中心战（Network Centric Warfare）是相对于传统的平台中心战而提出的一种新作战概念。它通过各作战单元的网络化，把信息优势变为作战行动优势，使各分散配置的部队共同感知战场态势，从而自主地协调行动，发挥出最大整体作战效能的作战样式，使作战重心由过去的平台转向网络。网络中心战具有战场全维感知能力，作战力量一体化，作战行动实时性，部队协调同步性等特点。

（四）网络战的手段和特点

网络战将广泛运用多种技术，尤其是指挥控制、情报收集、处理和分配、战术通信、定位、确定敌友以及智能武器系统等。它也包括电子致盲、干扰、欺骗、超载和侵入敌方信息和通信系统等手段。如果一方掌握了对方的有关通信连接、传感器位置、入口协议、计算机系统和网络的口令，就可容易地发起攻击。如果信息设计者掌握了敌方的信息管理程序和问题，就可以识别和确定其数据传送的关键节点，通过欺骗、扰乱和干扰发起攻击。计算机病毒也可作为一种武器，用于破坏敌方指挥（如 DoD 计算机网络）、通信、金融、税收网络。网络战手段可分为硬杀伤武器和软杀伤武器两大类：

1. 硬杀伤武器

美军已经发展出电磁脉冲弹和高功率微波武器等，能够对别国网络的物理载体进行攻击。特别值得注意的是一种机载系统，通过空降侵入并操纵敌方网络传感器，使敌方丧失预警功能。

电磁脉冲弹会瞬间产生非常强烈的电磁脉冲波，若在 40 公里的高空爆炸，则可破坏 700 公里半径区域内暴露的通信线路和电子设备，其破坏力仅次于核弹。

束能武器能以陆基、车载、舰载和星载的方式发射，突出特点是射速快，能在瞬间烧穿数百公里甚至数千公里外的目标，尤其对精确制导高技术武器有直接的破坏作用，因此被认为是战术防空、反装甲、光电对抗乃至反战略导弹、反卫星的多功能理想武器。目前，这一崭新机理的"束能技术"发展很快，X 射线激光器、粒子束武器、高能微波式武器等已走出实验室，准分子激光器、短波长化学激光器、等离子体炮、"材料束"武器等在加速研制中。束能武器中，微波射频武器被誉为"超级明星"，其强电磁干扰能使敌方雷达、通信混乱，能破坏敌方电子设备中的电路，发射强热效应可造成人体皮肤烧灼和眼白内障，甚至烧伤致死。

2. 软杀伤武器

目前，美军已经拥有大批网络战软杀伤面武器，已经研制出两千种以上的计算机病毒武器，如"逻辑炸弹"、"陷阱门"、"蠕虫"程序、"特洛伊木马"程序等。尤其值得注意的是，美国利用其握有核心信息技术的优势，在芯片、操作系统等硬软件上预留"后门"，植入木马病毒，一旦需要即可进入对方网络系统或激活沉睡的病毒。从媒体报道来看，早期的进攻战术有"后门程序""炸弹攻击"等，近年来又研究了"僵尸网络""广泛撒网"等。既可以在对方毫无察觉的情况下，利用网络战手段窃取有价值情报，又可以利用特殊工具软件，在短时间内向目标集中发送大量垃圾信息，使对方出现超负荷、网络堵塞等状况，从而造成系统崩溃。美国网络战司令部的成立，说明美军感到这些软硬件装备和各种战法分散在各军种，没有发挥出整体优势，今后要依托新组建的网络战司令部，进一步完善装备，并加快战法研究整合步伐。

世界上有软件漏洞、内部植入威胁、逻辑炸弹、特洛伊木马、伪造硬件、盗版软件、隧道攻击、后门程序、连续扫描、字典式扫描、数字扫描、数据回收、僵尸网络、电磁脉冲武器、细菌病毒、欺骗式攻击、分布式拒绝服务和野兔病毒等18种常见的网络战攻击手段，其中，属于高风险的有9种，其威胁指数在3.5以上；中等风险的有3种，威胁指数在3.2—3.4之间；低风险的有6种，威胁指数在3.0以下。

网络战与传统战争的手段有很大的差异，网络战的手段大体可分为以下几种：网络间谍、网络破坏、政治宣传、收集数据、系统攻击、中断信息设备、攻击基础设施、隐藏恶意软件等等。

目前，互联网基础设施的五大核心领域——高性能计算机、操作系统、数据库技术、网络交换技术和信息资源库全部被美国 IT 巨头垄断。全球 92.3% 的个人计算机和 80.4% 的超级计算机采用了英特尔芯片，91.8% 的个人计算机采用了微软操作系统，98% 的服务器核心技术掌握在 IBM 和惠普手中，数据库软件的 89.7% 被甲骨文和微软控制，网络交换核心专利技术 93.5% 掌握在美国企业手中。美国利用网络掌控权进行网络制裁和网络外交也是当前国际上常用的手法。

网络制裁早已不鲜见。自互联网诞生以来，网络域名与地址的监管便由美国掌控——美国掌握着全球互联网 13 台域名根服务器中的 10 台（另三台分别在东京、伦敦和斯德哥尔摩），只要在根服务器上屏蔽一个国家域名，就可以让这个国家的网站在网络上瞬间"消失"。伊拉克战争期间，由于美国政府授意，".iq"（伊拉克顶级域名）的申请和解析工作被终止，所有网址以".iq"为后缀的网站全部从互联网蒸发。2009 年 5 月 30 日，古巴、伊朗、叙利亚、苏丹和朝鲜五国用户在登录 MSN 时出现了如下提示："810003c1：我们无法为你提供 NETMessenger 服务"。这是微软遵照美国的意志把这五个国家的聊天软件关闭了，原因是担心这些敌对国家会以某种方式危害到美国的国家利益。

网络外交作为网络战争的一种形式，是显示软实力、巧实力的重要手段之一。美国早在 2002 年就开始创建网络外交机构。2003 年 10 月"网络外交办公室"成为美国国务院信息管理局的一部分。2009 年 3 月 20 日，在伊朗传统节日之际，美国总统奥巴马运用"网络外交"通过视频网站问候伊朗人民。美国官方和媒体也采用"网络外交"手段，在同年 6 月伊朗选举过程中，通过社交平台等网站向全球发布假新闻，无中生有地抢先宣布内贾德的对手夺得权杖，挑起民众与政府的激烈冲突。

与传统战争相比，网络战有两大特点：

一是界限模糊。在网络战当中，战略性、战役性和战术性信息在集成化网络环境中有序流动，呈现出紧密互联、相互融合的特点。这势必使得网络战的战略、战役、战术界限模糊，日益融为一体。

二是战场不定。传统战争离不开陆地、海洋、空中和太空等有形空间，而网络战是在无形的网络空间进行，其作战范围瞬息万变，网络所能覆盖的都是可能的作战地域，所有网络都是可能的作战目标。传统作战改变作战方向需要长时间的兵力机动，而网络战，只须点击鼠标即可完成作战地域、作战方向、作战目标和作战兵力的改变，前一个进攻节点与后一个进攻节点在地域上也许近在咫尺，也许相距万里。网络空间成为战场，消除了地理空间的界限，使得前方、后方、前沿、纵深的传统战争概念变得模糊，攻防界限很难划分。

（五）网络安全

随着计算机网络技术的飞速发展，互联网的应用变得越来越广泛，全世界军事、经济、社会、文化等众多方面越来越依赖于网络，"智慧地球""感知中国"等正引领全球进入无所不在的"物联网"新时代。由于网络的开放性和自由性，以及我们对网络的依赖达到了前所未有的程度，一旦网络受到攻击而不能正常工作，甚至瘫痪，整个社会就可能陷入危机中。过去的汽车是没有接入网络的，系统是封闭的，但如今的车联网，所有汽车接入网络，通过联网实现汽车检测、保养等。如果车联网无法保证安全，这是相当危险的。汽车被黑客攻击之后，刹车完全不管用，汽车完全停不下来，方向盘也失去了作用……因此，网络信息的安全受到社会各个领域的普遍重视。据美国联邦调查局统计，美国每年因网络安全造成的损失高达 75 亿美元。安全威胁主要来自以下几个方面：自然灾害、黑客的威胁和攻击、计算机病毒、垃圾邮件和间谍邮件、计算机犯罪和信息战。

目前，广泛应用和比较成熟的网络安全技术主要有防火墙技术、数据加密技术、入侵检测技术、防病毒技术等。鉴于物联网是在移动网络基础上集成了感知网络和应用平台而成的，移动网络中大部分安全机制（如认证机制、加密机制等）仍可适用，但需要根据物联网的特征进行以下调整和补充 [1]：

（1）由于物联网设施多数部署在无人监控的场景中，因而物联网机器的本地安全问题显得日趋重要；

（2）由于物联网中节点数量庞大，而且以集群方式存在，所以，需要重视核心网络的传输和信息安全问题；

（3）如何对物联网设施进行远程签约信息和业务信息进行安全配置，防止非授权使用；

（4）射频识别系统安全问题，例如：如何防止标签信息被截获、伪造等。

---

[1] 臧劲松：《物联网安全性能分析》，《计算机安全》2010 年第 6 期，第 51—52 页。

2018年9月4—6日，一年一度的互联网安全大会于北京召开，再度迎来大量互联网安全行业领袖和从业者精英，一时间北京国家会议中心被网友称为全球"黑客"密度最高的会场。来自中国、美国、俄罗斯、法国、德国、以色列、比利时和欧盟等20多个国家和地区的近300位安全专家与国内外近4万安全从业者参与了30余场峰会论坛，其中包括原美国网络司令部作战主任威廉姆斯将军，以色列8200部队原开源情报分析主管津曼，前俄罗斯联邦政府通信与信息联邦总署署长、俄罗斯联邦国家安全会议前第一副秘书谢尔斯图克。在国际上，互联网安全大会的影响力仅次于美国信息安全大会、BlackHat与DefCon黑客大会。

我国的网络安全形势和网络安全从业人员的生存环境在不断优化，国家对网络安全从立法到大学专业设置的支持已让越来越多的人意识到网络安全的重要性，也认识了网络安全从业人员这个特殊群体，正是他们每天努力深挖漏洞，争取减少数据泄露，从而减少老百姓遭受基于"精准分析"的电话诈骗。

二、"棱镜门"——大数据时代的网络战

2013年6月5日，英国《卫报》首先扔出了第一颗舆论炸弹：美国国家安全局有一项代号为"棱镜"的秘密项目，要求电信巨头威瑞森公司必须每天上交数百万用户的通话记录。6月6日，美国《华盛顿邮报》披露称，（2013年的）过去六年间，美国国家安全局和联邦调查局通过进入微软、谷歌、苹果、雅虎等九大网络巨头的服务器，监控美国公民的电子邮件、聊天记录、视频及照片等秘密资料。美国舆论随之哗然。据俄新社报道，英国《卫报》记者格林瓦尔德透露，在他手上掌握着美国中情局前雇员爱德华·斯诺登向他转交的近2万份美国政府的秘密文件。作为美国中央情报局前雇员、美国国家安全局的技术承包人，斯诺登通过美英两国媒体曝光了美国国家安全局和联邦调查局正在开展一个代号为"棱镜"（Prism）的秘密项目，它属于更大项目"星际风"（Stellarwind）的一部分。他们通过与政府关系密切的跨国企业，对全球许多国家的政府和民众秘密监视电话、视频、邮件甚至刷卡和旅游记录，这就是闻名于世的"棱镜门"事件。据爱德华·斯诺登爆料："棱镜"窃听计划始于2007年的小布什总统任期，美国情报机构一直在九家美国互联网公司中进行数据挖掘工作，从音频、视频、图片、邮件、文档以及连接信息中分析个人的联系方式与行动。监控的类型有十类，为信息电邮、即时消息、视频、照片、存储数据、语音聊天、文件传输、视频会议、登录时间、社交网络资料的细节，其中包括两个秘密监视项目：一是监视、监听民众电话的通话记录，二是监视民众的网络活动。美国国家安全局还有一个范围更广的情报监视系统，名为 XKeyscore。XKeyscore 项目运转着一个有 700 多台服务器的庞大网络，通过全球大约 150 个站点截取网络信息。它几乎覆盖了任何一个网民在互联网上的全部行为，从总统、情报人员到平民，从电子邮件内容、网页浏览记录到在线聊天记录，全部逃不出 XKeyscore 的视线。称据，它的功能强大到可"搜索一切"，并"精通"阿拉伯语和汉语。

2001 年"9·11"事件后，美国通过《爱国者法案》赋予了政府搜集大宗数据的权力。随后不久，国家安全局就启动了代号"星际风"的秘密监控计划和"元数据"项目。据美国《华盛顿邮报》报道，"星际风"包含四个项目："棱镜"、"主干道"（Mainway）、"码头"（Marina）和"核子"（Nucleon）。"棱镜"和"核子"以截取内容为主，"棱镜"主要用于互联网信息截取，而"核子"则用来截取电话内容和关键信息。"主干道"和"码头"规模相对更大，"主干道"以电话监听为主，而"码头"则以互联网监视为主，两者皆依赖对"元数据"的处理。"元数据"用于收集互联网"交通"原始数据，称作"大块互联网元数据"，包含互联网信息发送双方的地址，可以显示发送或接受信息者所在确切位置的 IP 地址。它能精确揭示通信时间、地点、使用设备和参与者等。其定义为用于描述要素、数据集或数据集系列的内容、覆盖范围、质量、管理方式、数据的所有者、数据的提供方式等有关的信息。据称美国国家安全局花费了 1.46 亿美元购买硬盘等存储设备，专门用于存储元数据。

三、量子保密通信

量子通信是指利用量子纠缠效应进行信息传递的一种新型的通信方式。量子通信是近二十年发展起来的新型交叉学科，是量子论和信息论相结合的新的研究领域。量子通信主要涉及：量子密码通信、量子远程传态和量子密集编码等，近来这门学科已逐步从理论走向实验，并向实用化发展。① "棱镜门" 事件后，高效安全的信息传输倍受世界各国关注。量子通信因此成为国际上量子物理和信息科学的研究热点。

量子通信系统，按其所传输的信息是经典还是量子而分为两类。前者主要用于量子密钥的传输，后者则可用于量子隐形传态和量子纠缠的分发。所谓隐形传送指的是脱离实物的一种 "完全" 的信息传送。从物理学角度，可以这样来想象隐形传送的过程：先提取原物的所有信息，然后将这些信息传送到接收地点，接收者依据这些信息，选取与构成原物完全相同的基本单元，制造出原物完美的复制品。但是，量子力学的不确定性原理不允许精确地提取原物的全部信息，这个复制品不可能是完美的。

（一）概述

量子通信因具有高效率和绝对安全等特点，成为国际量子物理和信息科学的研究热点。它不但在国家安全、金融等信息安全领域有着重大的应用价值和前景，而且逐渐走进人们的日常生活。追溯量子通信的起源，还得从爱因斯坦的 "幽灵"（Spooky）——量子纠缠的实证说起。

1982 年，理查德·费曼（Richard Feynman）首先提出量子计算的概念。随后，法国物理学家艾伦·爱斯派克特（Alain Aspect）和他的小组成功地完成了一项实验，证明了微观粒子 "量子纠缠"（Quantum Entanglement）的现象确实存在，这一结论对西方科学的主流世界观产生了重大的冲击。从笛卡儿、伽利略、牛顿以来，西方科学界主流思想认为，宇宙的组成部分相互独立，它们之间的相互作用受到时空的限制（即是局域化的）。量子纠缠证实了爱因斯坦的 "幽灵"——超距作用的存在，它证实了任何两种物质之间，不管距离多远，都有可能相互影响，不受四维时空的约束，是非局域的，宇宙在冥冥之中存在深层次的内在联系。

在量子纠缠理论的基础上，1993 年，美国科学家 C. H. 贝内特（C. H. Bennett）提出了量子通信（Quantum Teleportation）的概念。量子通信是由量子态携带信息的通信方式，它利用光子等基本粒子的量子纠缠原理实现保密

---

① 李林洋：《量子通信的发展概况》，《工业设计》2011 年第 187 期，第 142—144 页。

通信过程。量子通信概念的提出，使爱因斯坦的"幽灵"——量子纠缠效益开始真正发挥其真正的威力。随后，六位来自不同国家的科学家，基于量子纠缠理论，提出了利用经典与量子相结合的方法实现量子隐形传送的方案，即将某个粒子的未知量子态传送到另一个地方，把另一个粒子制备到该量子态上，而原来的粒子仍留在原处，这就是量子通信最初的基本方案。量子隐形传态不仅在物理学领域对人们认识与揭示自然界的神秘规律具有重要意义，而且可以用量子态作为信息载体，通过量子态的传送完成大容量信息的传输，实现原则上不可破译的量子保密通信。

自 1993 年美国 IBM 的研究人员提出量子通信理论以来，美国国家科学基金会和国防高级研究计划局都对此项目进行了深入的研究。欧盟在 1999 年集中国际力量致力于量子通信的研究，研究项目多达 12 个。日本邮政省把量子通信作为 21 世纪的战略项目。我国从 20 世纪 80 年代开始从事量子光学领域的研究，近年，中国科学技术大学的量子研究小组在量子通信方面取得了突出的成绩。

1997 年，在奥地利留学的中国青年学者潘建伟与荷兰学者波密斯特等人合作，首次实现了未知量子态的远程传输，这是国际上第一次在实验上成功地将一个量子态从甲地的光子传送到乙地的光子上。

2003 年，韩国、中国、加拿大等国学者提出了诱骗态量子密码理论方案，彻底解决了真实系统和现有技术条件下量子通信的安全速率随距离增加而严重下降的问题。

2004 年，蔡林格团队利用多瑙河底的光纤信道，将量子隐形传态距离提高到 600 米。

2006 年夏，我国中国科学技术大学教授潘建伟小组、美国洛斯阿拉莫斯国家实验室、欧洲慕尼黑大学—维也纳大学联合研究小组各自独立实现了诱骗态方案，同时实现了超过 100 公里的诱骗态量子密钥分发实验，由此打开了量子通信走向应用的大门。

2008 年，潘建伟团队与清华大学合作，在北京八达岭与河北怀来之间实现了 16 公里的量子态隐形传态。

2012 年，潘建伟团队在青海湖实现了 97 公里自由空间的量子态隐形传输。

2014年，世界第一条量子信息保密干线在我国正式开工，量子通信以不可被窃听的特性吸引了全球科学家的目光。该项目的带头人潘建伟院士，带领他的研发团队，让中国量子信息技术在短短十几年的时间跻身世界一流水平。

2014年7月2日《科技日报》报道，意大利帕多瓦大学研究人员日前通过对4个在轨飞行卫星的实验，证实了卫星之间以及卫星与地面站之间进行量子通信是完全可能的，为基于卫星的广域量子通信提供了广阔的想象空间。[①]

2015年，潘建伟团队首次实现单光子多自由度的量子隐形传态，也就是说，传输了一个单光子的多个信息。同年，潘建伟团队多光子纠缠干涉成果获得了2015年度国家自然科学一等奖。

2016年8月16日，中国发射了世界上第一颗量子科学实验卫星"墨子号"。一年以后，"墨子号"成功完成了预定的三大科学实验任务，包括卫星和地面站之间的量子保密通信。

2017年6月16日，我国量子科学实验卫星"墨子号"首先成功实现，两个量子纠缠光子被分发到相距超过1 200公里的距离后，仍可继续保持其量子纠缠的状态。同年9月，中国开通了世界上第一条量子保密通信的干线"京沪干线"，在从北京到上海2 000多公里的距离上向金融等部门的客户开始提供服务。

超导纳米线单光子探测器（SNSPD）是21世纪初出现的一种新型的单光子探测技术，其探测效率、暗计数、时间抖动等性能指标明显优于传统的半导体单光子探测器，受到国内外学术界的广泛关注，并已经广泛应用于量子通信、量子计算等领域，并有力推动了量子信息技术的发展。

2017年12月1日，上海微系统与信息技术研究所实现实用化超导单光子探测器性能重要突破。中国科学院上海微系统与信息技术研究所（中国科学院超导电子学卓越创新中心）研究员尤立星团队开展超导单光子探测研究近

[①] 王小龙：《实验证实太空量子通信完全可行，为基于卫星的广域量子通信提供了广阔的想象空间》，《科技日报》2014年7月2日第三版。

10 年，该团队的最新成果揭示，基于小型闭合循环制冷机，在 2.1K 的工作温度下，NbN-SNSPD 系统探测效率（1 550 nm 工作波长）可以超过 90%。随着温度降低到 1.8K，探测效率可以进一步提升到 92%。在探测器研制和应用方面取得了多项国际领先成果，受到了国内外广泛关注。与中国科学技术大学潘建伟团队合作，曾多次创造量子信息领域实验的世界纪录，并保持了目前光纤量子通信 404 公里世界纪录。

2018 年，中国科学技术大学首次发现可防量子攻击秘密武器。潘建伟、张强研究组经过 3 年多的努力发展了高性能纠缠光源，首先优化了纠缠光子收集、传输、调制等环节的效率，并采用上海微系统与信息技术研究所开发的高效率超导单光子探测器，实现了高性能纠缠光源的高效探测；然后通过设计快速调制并进行合适的空间分隔设计，满足了器件无关的量子随机数产生装置所需的类空间隔要求。最终，在世界上首次实现了可以防御量子攻击的器件无关量子随机数产生器。

（二）量子纠缠

量子纠缠是粒子在由两个或两个以上粒子组成系统中相互影响的现象，即在两个或两个以上的稳定粒子间，会有强的量子关联。物理学上指的是两个或多个量子系统之间的非定域非经典的关联。量子纠缠态的概念是由爱因斯坦、波多尔斯基、罗森等人于 1935 年首次提出，纠缠度是指所研究的纠缠态携带纠缠的量的多少。对纠缠度的描述，实质上是对不同纠缠态之间建立定量的可比关系。纠缠状态所纠缠的粒子数量越多，对经典物理学的偏离越明显，获得有用量子效应的机会就越大，纠缠态的形式也越发多样。2000 年，美国国家标准局在离子阱系统上实现了四离子的纠缠态。2004 年，我国合肥微尺度物质科学国家实验室量子物理与量子信息研究部的研究人员首次成功实现五光子纠缠的操纵。2005 年底，美国国家标准局和奥地利因斯布鲁克小组分别宣布实现了六个和八个离子的纠缠态。目前，我国科学家潘建伟已经成功制备了 8 粒子最大纠缠态。

纠缠态作为一种物理资源，在量子信息的各方面，如量子隐形传态、量子密钥分配、量子计算等都起着重要作用。常见量子纠缠态应用，例如量子通讯应用于量子态隐形传输，量子计算应用于量子计算机。量子隐形传态不仅在物理学领域对人们认识与揭示自然界的神秘规律具有极其重要意义，而且能用量子态作为信息载体，通过量子态的传送实现大容量信息的传输，实现原则上不可破译的量子保密通信。目前，量子计算在实现技术上还需要解决另外三个问题——量子算法、量子编码、实现量子计算的物理体系。

量子保密通信也广泛应用于量子密码术中。由于量子的相干性，量子比特在测量过程中会表现出与经典情况完全不同的行为。在经典力学中，至少在理论上可以构造理想的测量，使得测量本身不会本质地改变被测体系的状态。而在量子力学中则不然，测量仪器与被测系统的相互作用会引起波包塌缩。即使两个电子分开很远，关联性仍然存在。

以两颗处于纠缠态向相反方向移动但速率相同的电子为例，即使一颗行至太阳边，一颗行至冥王星边，在如此遥远的距离下，它们仍保有关联性（correlation）；亦即当其中一颗被操作（例如量子测量）而状态发生变化，另一颗也会即时发生相应的状态变化。如此现象导致了鬼魅似的超距作用之猜疑，仿佛两颗电子拥有超光速的秘密通信一般。

（三）量子隐形传输

相距遥远的两个量子所呈现出得关联性。科学家早就发现，处于特定系统中的两个或多个量子，即使相距遥远也总是呈现出相同的状态，当其中一个量子状态改变时，其他量子也会随之改变。量子瞬间传输技术就是基于此的传输技术。量子纠缠就是一种奇妙的表现，爱因斯坦称之为"鬼魅般的超距作用"。处于纠缠态的两个量子不论相距多远都存在一种关联，其中一个量子状态发生改变（比如人们对其进行观测），另一个的状态会瞬时发生相应改变，仿佛"心灵感应"。量子纠缠是指相距遥远的两个量子所呈现出得关联性。科学家早就发现，处于特定系统中的两个或多个量子，即使相距遥远也总是呈现出相同的状态，当其中一个量子状态改变时，其他量子也会随之改变。以往所有的实验实现都存在着一个根本的局限，即只能传输单个自由度的量子状态，而真正的量子物理体系自然地拥有多种自由度的性质，即使是一个最简单的基本粒子，如单光子，它的性质也包括波长、动量、自旋和轨道角动量等等。

经过多年艰苦努力，中国科学技术大学研究人员成功制备了国际上最高亮度的自旋—轨道角动量超纠缠源、高效率的轨道角动量测量器件，突破了以往国际上只能操纵两光子轨道角动量的局限，搭建了 6 光子 11 量子比特的自旋—轨道角动量纠缠实验平台，从而首次让一个光子的"自旋"和"轨道角动量"两项信息能同时传送。该实验成果得到了《自然》杂志审稿人的高度评价，认为这个工作从基本概念上将量子隐形传态提升到了一个新的水平。

量子隐形传态是利用量子纠缠可以将物质的未知量子态精确传送到遥远地点，而不用传送物质本身，远距离量子隐形传态是未来实现大尺度分布式量子信息处理网络的基本单元。要实现量子隐形传态，首先要求接收方和发送方拥有一对共享的 EPR 对（即贝尔态），发送方对他所拥有的一半 EPR 对和所要发送的信息所在的粒子进行联合测量，这样接收方所有的另一半 EPR 对将在瞬间坍缩为另一状态（具体坍缩为哪一状态取决于发送方的不同测量结果）。发送方将测量结果通过经典信道传送给接收方，接收方根据这条信息对自己所拥有的另一半 EPR 对做相应幺正变换即可恢复原本信息。到乙地，根据这些信息，在乙地构造出原量子态的全貌。通俗来讲就是：将甲地的某一粒子的未知量子态，在乙地的另一粒子上还原出来。量子隐形传态需要借助经典信道才能实现，因此并不能实现超光速通信。在这个过程中，原物始终留在发送者处，被传送的仅仅是原物的量子态，而且发送者对这个量子态始终一无所知；接受者是将别的物质单元（如粒子）制备成为与原物完全相同的量子态，他对这个量子态也始终一无所知。

近年来，在我国前期战略性布局下，我国科研团队在量子通信领域达到国际领先水平，实用化城域量子通信技术已成熟，初步建成了由量子通信骨干网"京沪干线"和量子科学实验卫星"墨子号"构成的广域量子通信网络。8 月 27 日，中国科学技术大学主办的 2018 年国际量子密码会议首次在上海举行，来自中、美、德、奥、英、法、日等国的 500 余位专家参会，探讨量子保密通信的发展趋势，包括联合制订量子通信产业的国际标准。

随着物联网在国民经济各个领域应用的普及和深入，网络安全和隐私保护在国家安全和个人生活中的重要性越发突出。自 2013 年宣布中央设立国家安全委员会后，各地纷纷响应，保密工作在全国各地日益加强。量子保密通信的进展，更使我们对前景充满信心。